JN023058

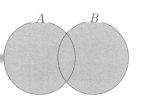

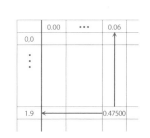

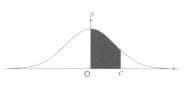

はじめよう！

数値例で学ぶ
初めての統計学

吉川 卓也／竹内 直樹／都留 信行／福島 章雄［著］

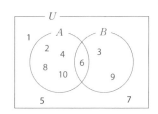

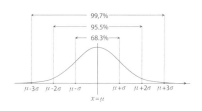

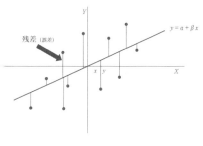

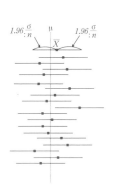

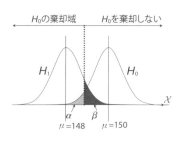

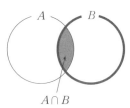

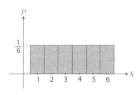

税務経理協会

本書のねらい

　さまざまな分野で AI（人工知能）が利用されるようになり，コンピュータの能力も向上しています。その一方で，生活や仕事をする際に，パーソナル・コンピュータを利用して，身近な情報をコンピュータによって処理し，データを理解したり分析したりすることも当たり前のことになってきました。したがって，高校や大学で学ぶ統計学の重要性は日に日に増してきているといえるでしょう。

　本書のねらいは，統計学でどのようなことができるのかを知ることで，これまであまり統計学に興味がもてなかったみなさんに，興味をもって欲しいということです。

　そこで第 I 部では，電卓で簡単に計算できる例題に取り組むことにより，統計学の基本的な事柄について理解できるようにしました。例題に取り組むことで，統計学で何がわかり，何ができるのかを知って欲しいと思います。

　さらに第 II 部では，高校までで学んだ数学を利用して，なぜ統計学ではそのようなことがわかり，そのようなことができるのかを，やはり例題に取り組むことで理解できるようにしました。

　各章の練習問題では，Excel を利用して，例題より大きなデータを使った問題に取り組むことで，統計学への理解を深めることができるよう配慮しています。練習問題の解答例は，（株）税務経理協会のホームページ（http://www.zeikei.co.jp/book/b507660.html）からダウンロードできます。

　2020 年 4 月吉日

著者一同

目　　次

本書のねらい

補論　様々な統計に関するデータ収集と方法

第Ⅱ部　理　論　編

第 I 部
統計学でできること

統計学を学ぶと何ができるのでしょうか。

第 I 部の目的は，統計学の基本的な事柄について理解すると何ができるのかを知ることで，統計学に興味をもって欲しいということです。電卓で簡単に計算できる例題や練習問題に取り組むことにより，統計学で何がわかり，何ができるのか，具体的に考えてみましょう。

1 中心の指標と散らばりの指標

データの分布の特徴をつかむには，中心の傾向と散らばりの程度を知る必要があります。中心の傾向を表す指標には**平均**，**中央値（メディアン）**，**最頻値（モード）**などがあります。散らばりの程度を表す指標には**範囲（レンジ）**，**分散**，**標準偏差**などがあります。

1.1 中心の指標

平均は，データの合計をデータの個数で割った値として計算されます。中央値はデータを大きさの順に並べたときちょうどまん中に位置する値のことです。データの個数が偶数のときは，中央にくる値の平均として求められます。

例題1.1　平均と中央値

次のデータの平均と中央値を求めなさい。

(1) 1　2　3　4　10

(2) 2　3　4　5　6

【解答】

(1) 平均は，以下のように計算されます。

$$(1+2+3+4+10) \div 5 = 20 \div 5 = 4$$

中央値は中央に位置する3。

(2) 平均は，以下のように計算されます。

$$(2+3+4+5+6) \div 5 = 20 \div 5 = 4$$

中央値は中央に位置する4。

最頻値は，データの中で最も多く出てくる値のことです。

例題1.2	最頻値

次のデータの最頻値を求めなさい。

2　2　5　5　5

【解答】

最頻値は 3 回出てくる 5 。

1.2　散らばりの指標

範囲はデータの**最大値**から**最小値**を引いた値のことです。最大値はデータの中で最も大きな値，最小値はデータの中で最も小さい値のことです。

範囲＝最大値－最小値

分散は**偏差**（個々のデータの値と平均値の差）の 2 乗（偏差平方）を合計した値（偏差平方和）をデータの個数で割った値として計算されます。

偏差＝個々のデータの値－平均値

偏差平方＝偏差の 2 乗＝（偏差）^{2}

偏差平方和＝偏差平方の合計

分散＝偏差平方和÷データの個数

分散は散らばりの程度を各データの平均からの隔たり（偏差）を使って測る数値です。偏差が大きいデータが多くあれば分散は大きくなり，散らばりの程度が大きいと考えられます。

平均より小さいデータの偏差はマイナスになり，平均より大きいデータの偏差はプラスになります。どんなデータでも各データの偏差をすべて合計すると 0 になってしまうので，マイナスの偏差をなくすために偏差を 2 乗して合計します。この数値を偏差平方和といいます。こうして求めた偏差平方和をデータの個数で割った値が分散です。

分散を平方して元のデータの単位にした値を標準偏差といいます。

標準偏差＝分散の平方根＝$\sqrt{分散}$

例題1.3　散らばりの程度を示す指標

次のデータの範囲と偏差平方和，分散，標準偏差を求めなさい。

(1) 1　2　3　4　10

(2) 2　3　4　5　6

【解答】

範囲は，最大値と最小値の差です。

(1) 最大値は10，最小値は 1 なので，範囲は $10-1=9$

(2) 最大値は 6，最小値は 2 なので，範囲は $6-2=4$

次に，表を使って分散を求めてみます。

(1)

	データ	偏差	偏差の2乗
	1	-3	9
	2	-2	4
	3	-1	1
	4	0	0
	10	6	36
合計	20	0	50
平均	4	0	10

平均は 4 と求められるので，各データの偏差は

$$1-4=-3, \ 2-4=-2, \ 3-4=-1, \ 4-4=0, \ 10-4=6$$

となります。この偏差を合計すると 0 になるので，偏差の平均も 0 となります。
そこで次に偏差の 2 乗を計算し，その合計である偏差平方和を計算します。

$$(-3)^2+(-2)^2+(-1)^2+0^2+6^2=9+4+1+0+36=50$$

偏差平方和をデータの個数である 5 で割ります。これが分散です。分散は，

$$50 \div 5 = 10$$

分散の平方根が標準偏差です。標準偏差は，$\sqrt{10} \fallingdotseq 3.16$ となります。

（答）　偏差平方和 $=50$，分散 $=10$，標準偏差 $=3.16$

偏差をそのまま合計すると0になるのは，

$$(1-4)+(2-4)+(3-4)+(4-4)+(10-4)=(1+2+3+4+10)-4\times5=0$$

つまり，

　　偏差の合計＝（データの合計）−平均×データの個数

　　　　　　　＝（データの合計）−（データの合計）＝0

となるからです。

(2)

データ	偏差	偏差の2乗
2	−2	4
3	−1	1
4	0	0
5	1	1
6	2	4
合計 20	0	10
平均 4	0	2

平均は4と求められるので，偏差は

$$2-4=-2,\ 3-4=-1,\ 4-4=0,\ 5-4=1,\ 6-4=2$$

となります。この偏差を合計すると0になるので，偏差の平均も0となります。そこで次に偏差の2乗を計算し，その合計である偏差平方和を計算します。

$$(-2)^2+(-1)^2+0^2+1^2+2^2=4+1+0+1+4=10$$

偏差平方和をデータの個数である5で割ります。これが分散です。分散は，

$$10\div5=2$$

分散の平方根が標準偏差です。標準偏差は，$\sqrt{2}\fallingdotseq1.41$となります。

　（**答**）　偏差平方和＝10，分散＝2，標準偏差＝1.41

　この例題の(1)と(2)のデータのように，中心の傾向を表す平均が同じでも，散らばりの程度を表す分散が違うデータは異なる特徴をもつデータと考えられます。したがって，データの特徴をつかむには，平均だけではなく分散も知る必要があります。

練習問題1

問題1.1

次のデータの平均と中央値を求めなさい。

(1)　2　4　5　6　8

(2)　4　5　6　7

問題1.2

次のデータの最頻値を求めなさい。

　1　2　3　3　10

問題1.3

次のデータの範囲と偏差平方和，分散，標準偏差を求めなさい。

(1)　2　4　5　6　8

(2)　4　5　6　7　8

(3)　5　5　5　5　5

(4)　1　2　3　4　20

問題1.4

次のデータの平均，中央値，範囲，分散，標準偏差を求めなさい。

　12　6　10　9　8

問題1.5

下記のデータはA組とB組の100点満点の数学の試験の結果です。

A組				
54	76	64	76	54
62	72	55	60	78
82	68	72	77	55
61	72	52	69	53
60	62	64	72	54
72	66	63	70	55

B組				
100	95	90	95	100
80	88	85	82	80
75	93	75	85	75
45	42	43	43	48
41	42	45	48	40
20	35	70	25	

（1）A組，B組それぞれの人数，平均値，中央値，最頻値，最大値，最小値，範囲を求めなさい。

（2）A組，B組それぞれの分散と標準偏差を求めなさい。

（3）求められた統計量から，A組，B組それぞれの特徴を述べなさい。

※表計算ソフトを用いる場合のポイント

　まずデータの入力から始めましょう。

　データを点数順に並べ替えましょう。

　四則演算のやり方を覚えましょう。

　関数の使い方を学びましょう。

Excelの四則計算の演算記号

	関数名	読み方
足す	+	プラス
引く	−	マイナス
掛ける	＊	アスタリスク
割る	/	スラッシュ
乗	^	ハット

Excelの関数

	関数名
平均値	AVERAGE
中央値	MEDIAN
最大値	MAX
最小値	MIN
最頻値	MODE.SNGL

2 | 標 準 化

2.1 Z値

個々のデータの偏差を標準偏差で割った値を**Z値**あるいは**基準値**といいます。あるデータのZ値を求めることを**標準化**するといいます。

Z値＝（個々のデータの値－平均値）÷標準偏差＝偏差÷標準偏差

例題2.1 Z値

次のデータのZ値を求めなさい。

2　4　5　6　8

【解答】

	データ	偏差	偏差の2乗	Z値
	2	−3	9	$-3 \div 2 = -1.5$
	4	−1	1	$-1 \div 2 = -0.5$
	5	0	0	$0 \div 2 = 0$
	6	1	1	$1 \div 2 = 0.5$
	8	3	9	$3 \div 2 = 1.5$
合計	25	0	20	0
平均	5	0	4	0

標準偏差は$\sqrt{4} = 2$と求められるので，各データのZ値は，

$-3 \div 2 = -1.5$, $-1 \div 2 = -0.5$, $0 \div 2 = 0$, $1 \div 2 = 0.5$, $3 \div 2 = 1.5$

と求められます。

求めた各データのZ値を合計すると，

$$(-1.5) + (-0.5) + 0 + 0.5 + 1.5 = 0$$

となります。Z値の合計を求めるとき，各データの偏差の合計を求めることになるので，偏差の合計はどのようなデータでも 0 になることから，Z値の合計も 0，したがって平均も 0 になります。

例題2.2　Z値の平均、標準偏差

次のデータのZ値の平均と標準偏差を求めなさい。

2　4　5　6　8

【解答】

表を使ってZ値の標準偏差を計算してみます。Z値の平均は 0 なので，Z値の偏差はZ値そのものとなります。

	データ	Z値	Z値の偏差（$=Z$値）	Z値の偏差の2乗
	2	-1.5	$-1.5-0=-1.5$	$(-1.5)^2=2.25$
	4	-0.5	$-0.5-0=-0.5$	$(-0.5)^2=0.25$
	5	0	$0-0=0$	$0^2=0$
	6	0.5	$0.5-0=0.5$	$0.5^2=0.25$
	8	1.5	$1.5-0=1.5$	$1.5^2=2.25$
合計	25	0	0	5
平均	5	0	0	1

Z値の偏差の合計は 0 となり，平均も 0 となります。また，偏差平方和は，

$$(-1.5)^2+(-0.5)^2+0^2+0.5^2+1.5^2=2.25+0.25+0+0.25+2.25=5$$

となります。

偏差平方和をデータの個数である 5 で割った値が分散です。分散は，

$$5\div5=1$$

となります。分散の平方根が標準偏差ですので，標準偏差は，$\sqrt{1}=1$ となります。

（答）　平均$=0$，偏差平方和$=5$，分散$=1$，標準偏差$=1$

次のデータのZ値を求めなさい。

3　5　6　7　9

【解答】

データ	偏差	偏差の2乗	Z値
3	-3	9	$-3 \div 2 = -1.5$
5	-1	1	$-1 \div 2 = -0.5$
6	0	0	$0 \div 2 = 0$
7	1	1	$1 \div 2 = 0.5$
9	3	9	$3 \div 2 = 1.5$
合計　30	0	20	0
平均　6	0	4	0

標準偏差は$\sqrt{4} = 2$と求められるので，各データのZ値は，

$$-3 \div 2 = -1.5, \quad -1 \div 2 = -0.5, \quad 0 \div 2 = 0, \quad 1 \div 2 = 0.5, \quad 3 \div 2 = 1.5$$

と求められます。

求めた各データのZ値を合計すると，

$$(-1.5) + (-0.5) + 0 + 0.5 + 1.5 = 0$$

となります。Z値の合計は0，平均も0になります。

次のデータのZ値の平均と標準偏差を求めなさい。

3　5　6　7　9

【解答】

表を使ってZ値の標準偏差を計算してみます。Z値の平均は0なので，Z値の偏差はZ値そのものとなります。

	データ	Z値	Z値の偏差(=Z値)	Z値の偏差の2乗
	3	-1.5	-1.5-0=-1.5	$(-1.5)^2$=2.25
	5	-0.5	-0.5-0=-0.5	$(-0.5)^2$=0.25
	6	0	0-0=0	0^2=0
	7	0.5	0.5-0=0.5	0.5^2=0.25
	9	1.5	1.5-0=1.5	1.5^2=2.25
合計	30	0	0	5
平均	6	0	0	1

Z値の偏差の合計は0となり，平均も0となります。また，偏差平方和は，

$$(-1.5)^2+(-0.5)^2+0^2+0.5^2+1.5^2=2.25+0.25+0+0.25+2.25=5$$

となります。

偏差平方和をデータの個数である5で割った値が分散です。分散は，

$$5\div5=1$$

となります。分散の平方根が標準偏差ですので，標準偏差は，$\sqrt{1}=1$となります。

（答）　平均=0，偏差平方和=5，分散=1，標準偏差=1

例題2.2と例題2.4からわかるように，どのようなデータの分布であっても，各データのZ値を計算すると，Z値の平均は0，標準偏差は1となります。

2.2 偏　差　値

あるデータを標準化してZ値を求めるということは，あるデータが平均から標準偏差の何倍だけ離れているかを計算していることになります。同じ偏差でも標準偏差が小さいと，相対的に平均から離れているといえます。

また，たとえば平均と標準偏差の異なる文学と数学の同じ80点というデータについて，素点では同じ点数ですが，偏差を標準偏差で割った値であるZ値

は異なります。図のような場合，文学の80点は，文学の平均から標準偏差の4倍離れていますが，数学の80点は，数学の平均から2倍しか離れていないことがわかります。つまり，文学の80点は平均よりかなり高い点数ですが，数学の80点は文学の80点ほどは高い点数とはいえません。

この例のように，Z値は平均や標準偏差が異なるデータの相対的な位置（点数の場合は相対的な評価）を示しています。

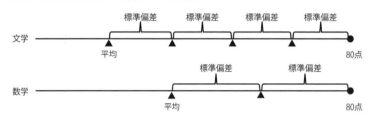

例題2.5　Z値

文学の平均点は60点，標準偏差は5点だった。数学の平均点は66点，標準偏差は7点だった。文学の80点と数学の80点はどちらが高く評価できるか。

【解答】

文学の80点のZ値は，

$$(80-60) \div 5 = 4$$

数学の80点のZ値は，

$$(80-66) \div 7 = 2$$

文学の80点は平均から標準偏差の4倍高い点数なのに対して，数学の80点は平均から標準偏差の2倍しか高くない点数であることがZ値からわかります。

したがって，文学の80点の方が，平均よりかなり高い点数であり，高く評価されるべきであるといえます。

このようにZ値を使うと，平均と標準偏差が異なるデータを比較して，あるデータがほかのデータの中で平均からどれだけ離れたデータであるかという相対的な位置を知ることにより，評価などの順位を付けることができます。この

ことをわかりやすく表示した値が偏差値です。

偏差値は，

$$偏差値 = Z値 \times 10 + 50$$

として計算された値です。あるデータがちょうど平均と同じ値なら偏差は0となるので，Z値は0となり，偏差値は50になります。

また，どのようなデータでもZ値の平均は0，標準偏差は1となるので，偏差値の平均は50，標準偏差は10となります。

例題2.6 偏差値

文学の平均点は60点，標準偏差は5点だった。数学の平均点は66点，標準偏差は7点だった。文学の80点と数学の80点の偏差値を求めなさい。

【解答】

文学の80点のZ値は4なので，偏差値は，

$$4 \times 10 + 50 = 90$$

数学の80点のZ値は2なので，偏差値は，

$$2 \times 10 + 50 = 70$$

文学の80点の方が数学の80点より偏差値が高いことがわかります。

問題2.1

(1) 次のデータのZ値を求めなさい。

2　5　6　8　14

(2) このデータのZ値の平均と標準偏差を求めなさい。

問題2.2

(1) 次のデータのZ値を求めなさい。

12　6　10　9　8

(2) このデータのZ値の平均と標準偏差を求めなさい。

問題2.3

あるクラスで3回の小テストをおこなった。A君，Bさんの結果およびクラス全体の平均点と標準偏差は表の通りだった。

	A	B	平均	標準偏差
第1回	78	29	50	7
第2回	40	80	30	10
第3回	55	70	65	5

(1) A君とBさんそれぞれの第1回から第3回までの小テストの各回の結果のZ値を求めなさい。

(2) A君とBさんそれぞれの第1回から第3回までの小テストの結果のZ値の合計を，小テスト3回分の試験結果の総合成績と考えることができる。A君とBさんのそれぞれの総合成績を求めなさい。

問題2.4

　A君は身長172 cm，体重は57 kg，B君は身長164 cm，体重は60 kgです。二人の在籍するクラスの平均身長は170 cm，標準偏差は5 cm，平均体重は62 kg，標準偏差は8 kgです。

　(1)　A君とB君の身長と体重のZ値を求めなさい。

　(2)　(1)で求めたZ値を偏差値にしなさい。

※表計算ソフトを用いる場合のポイント

　Z値を計算で求めましょう。また関数を用いて，同じ値になることを確認しましょう。

3 | 度数分布表

3.1 度数分布

データの分布の特徴を知る方法として，**度数分布**という整理の方法があります。

度数とは，ある値をとるデータの個数のことです。また，ある値をとるデータの個数を全度数（度数の合計）で割った値を**相対度数**といいます。

例題3.1 データの度数分布

次のデータから度数分布表を作りなさい。

　　1　1　1　1　2　2　2　3　3　4

【解答】

データ	(1)度数	(2)相対度数	(3)累積度数	(4)累積相対度数
1	4	0.4	4	0.4
2	3	0.3	7	0.7
3	2	0.2	9	0.9
4	1	0.1	10	1
合計	10	1		

(1) 度数は，1が4個あるので4度数，2が3個あるので3度数，3が2個あるので2度数，4が1個あるので1度数と数えます。

(2) 相対度数は，各データの度数を度数の合計（全度数）である10で割った値です。

$$4 \div 10 = 0.4, \quad 3 \div 10 = 0.3, \quad 2 \div 10 = 0.2, \quad 1 \div 10 = 0.1$$

と計算されます。相対度数を合計すると，各データの度数の合計を全度数

で割ることになるので，1になります。

$$4 \div 10 + 3 \div 10 + 2 \div 10 + 1 \div 10 = (4 + 3 + 2 + 1) \div 10 = 10 \div 10 = 1$$

(3) **累積度数**は，度数を表の上から順に足していったものです。1の累積度数は1の度数4となります。2以下の累積度数は，

$$4 + 3 = 7, \quad (4 + 3) + 2 = 7 + 2 = 9, \quad (4 + 3 + 2) + 1 = 9 + 1 = 10$$

となります。

(4) **累積相対度数**は，相対度数を表の上から順に足していったものです。1の累積相対度数は1の相対度数0.4となります。2以下の累積相対度数は，

$$0.4 + 0.3 = 0.7, \quad (0.4 + 0.3) + 0.2 = 0.7 + 0.2 = 0.9,$$

$$(0.4 + 0.3 + 0.2) + 0.1 = 0.9 + 0.1 = 1$$

となります。

3.2 階級と度数，相対度数

　データの範囲が大きく，個数も多い場合，一定の区間を決めてデータを区切って整理し，その区間に含まれるデータの数を数えて**度数分布表**を作ります。

　このとき決めた一定の区間を**階級**といいます。階級に幅がある場合，各階級の下限値と上限値をたして2で割った値を**階級値**と呼び，その階級に含まれるデータの値は，すべて階級値とみなします。

例題3.2　　データの度数分布

　次の表3.1は，あるクラス全員のアルバイト代の調査結果である。このデータを表3.2の度数分布表に整理しなさい。

表3.1　アルバイト代の調査結果（万円）

1	2	3	4	5	5	5	6	7	9

表3.2　度数分布表

階級 (万円)	0以上 2未満	2以上 4未満	4以上 6未満	6以上 8未満	8以上 10未満
度数(人)					

【解答】

(1) 階級値は,

　　$(0+2) \div 2 = 1$,　$(2+4) \div 2 = 3$,　$(4+6) \div 2 = 5$,　$(6+8) \div 2 = 7$,

　　$(8+10) \div 2 = 9$

　　と計算されます。

(2) 度数は次のように数えられます。

　　　0以上2万円未満は1万円が1個で1度数, 2万円以上4万円未満は2万円が1個, 3万円が1個で2度数, 4万円以上6万円未満は4万円が1個, 5万円が3個で4度数, 6万円以上8万円未満は6万円が1個, 7万円が1個で2度数, 8万円以上10万円未満は9が1個で1度数となります。

階級(万円)

以上	未満	(1)階級値	(2)度数	(3)相対度数	(4)累積度数	(5)累積相対度数
0	2	1	1	0.1	1	0.1
2	4	3	2	0.2	3	0.3
4	6	5	4	0.4	7	0.7
6	8	7	2	0.2	9	0.9
8	10	9	1	0.1	10	1
合計			10	1		

(3) 相対度数は, 各階級の度数を度数の合計 (全度数) である10で割った値です。

　　　$1 \div 10 = 0.1$,　$2 \div 10 = 0.2$,　$4 \div 10 = 0.4$,　$2 \div 10 = 0.2$,　$1 \div 10 = 0.1$

　　と計算されます。相対度数を合計すると, 各階級の度数の合計を全度数で

割ることになるので，1になります。

$$1 \div 10 + 2 \div 10 + 4 \div 10 + 2 \div 10 + 1 \div 10 = (1 + 2 + 4 + 2 + 1) \div 10 = 10 \div 10 = 1$$

(4) 累積度数は，度数を表の上から順に足していったものです。0以上2万円未満の階級の累積度数は，0以上2万円未満の度数1となります。以下の各階級の累積度数は，

$$1 + 2 = 3, \quad (1 + 2) + 4 = 3 + 4 = 7, \quad (1 + 2 + 4) + 2 = 7 + 2 = 9,$$

$$(1 + 2 + 4 + 2) + 1 = 9 + 1 = 10$$

となります。

(5) 累積相対度数は，相対度数を表の上から順に足していったものです。0以上2万円未満の階級の累積相対度数は，0以上2万円未満の階級の相対度数0.1となります。以下の各階級の累積相対度数は，

$$0.1 + 0.2 = 0.3, \quad (0.1 + 0.2) + 0.4 = 0.3 + 0.4 = 0.7,$$

$$(0.1 + 0.2 + 0.4) + 0.2 = 0.7 + 0.2 = 0.9,$$

$$(0.1 + 0.2 + 0.4 + 0.2) + 0.1 = 0.9 + 0.1 = 1$$

となります。

3.3 度数分布表の平均，分散，標準偏差

度数分布表から平均や分散，標準偏差を計算します。

例題3.3

次のデータから度数分布表を作り，平均，分散，標準偏差を計算しなさい。

1 1 1 1 2 2 2 3 3 4

【解答】

次のような表を作り計算します。

データ	(1)度数	(2)データの和	(3)偏差	(4)偏差×度数	(5)偏差の2乗の和
1	4	4	-1	-4	4
2	3	6	0	0	0
3	2	6	1	2	2
4	1	4	2	2	4
合計	10	20		0	10
平均		2			1
標準偏差					1

(1) 度数は，1が4個あるので4度数，2が3個あるので3度数，3が2個あるので2度数，4が1個あるので1度数と数えます。

(2) 各データの和は，次のように，データの値×度数と計算されます。

$$1 \times 4 = 4, \ 2 \times 3 = 6, \ 3 \times 2 = 6, \ 4 \times 1 = 4$$

各データの和の合計は20となるので，それを度数の合計10で割ると，平均は，

$$20 \div 10 = 2$$

と計算されます。

(3) 1つのデータの偏差は，各データの値から平均を引いた

$$1 - 2 = -1, \ 2 - 2 = 0, \ 3 - 2 = 1, \ 4 - 2 = 2$$

と計算されます。

(4) 各データの偏差の和は，1つのデータの偏差に度数をかけたものとして計算されるので，

$$-1 \times 4 = -4, \ 0 \times 3 = 0, \ 1 \times 2 = 2, \ 2 \times 1 = 2$$

となります。これを合計すると必ず0になります。

(5) 次に各データの偏差の2乗の和を計算します。各データの偏差の2乗の和は，1つのデータの偏差の2乗にそのデータの度数をかけたものとして計算されるので，

$$(-1)^2 \times 4 = 4, \ 0^2 \times 3 = 0, \ 1^2 \times 2 = 2, \ 2^2 \times 1 = 4$$

と計算されます。

　これらを合計すると偏差平方和が10と計算されます。分散は，この値を
度数の合計で割った値になります。

$$10 \div 10 = 1$$

標準偏差は，

$$\sqrt{1} = 1$$

となります。

例題3.4

　あるクラス全員のアルバイト代の調査結果である。調査結果を度数分
布表に整理したものが表3.2の度数分布表である。この度数分布表から
アルバイト代の平均と標準偏差を計算しなさい。

表3.2　度数分布表

階級 (万円)	0以上 2未満	2以上 4未満	4以上 6未満	6以上 8未満	8以上 10未満
度数(人)	1	4	6	4	1

【解答】

次のような表を作って計算します。

階級(万円)

以上	未満	(1)階級値	度数	(2)階級のデータの和	(3)偏差	(4)偏差×度数	(5)偏差の2乗の和
0	2	1	1	1	-4	-4	16
2	4	3	4	12	-2	-8	16
4	6	5	6	30	0	0	0
6	8	7	4	28	2	8	16
8	10	9	1	9	4	4	16
合計			16	80		0	64
平均				5			4
標準偏差							2

(1) 階級値は，

$(0+2) \div 2 = 1$, $(2+4) \div 2 = 3$, $(4+6) \div 2 = 5$, $(6+8) \div 2 = 7$, $(8+10) \div 2 = 9$

と計算されます．

(2) 各階級のデータの和は，次のように階級値×度数と計算されます．

$$1 \times 1 = 1, \quad 3 \times 4 = 12, \quad 5 \times 6 = 30, \quad 7 \times 4 = 28, \quad 9 \times 1 = 9$$

各階級のデータの和の合計は80となるので，それを度数の合計16で割ると，平均は，

$$80 \div 16 = 5$$

と計算されます．

(3) 各階級の1つのデータの偏差は，各階級のデータの値を階級値とみなすので，階級値から平均を引いた

$$1-5=-4, \quad 3-5=-2, \quad 5-5=0, \quad 7-5=2, \quad 9-5=4$$

と計算されます．

(4) 各階級の偏差の和は，この1つのデータの偏差に各階級の度数をかけたものとして計算されるので，

$$-4 \times 1 = -4, \quad -2 \times 4 = -8, \quad 0 \times 6 = 0, \quad 2 \times 4 = 8, \quad 4 \times 1 = 4$$

となります。これを合計すると必ず 0 になります。

(5) 次に各階級の偏差の 2 乗の和を計算します。各階級の偏差の 2 乗の和は，1 つのデータの偏差の 2 乗に各階級の度数をかけたものとして計算されるので，

$$(-4)^2 \times 1 = 16, \quad (-2)^2 \times 4 = 16, \quad 0^2 \times 6 = 0, \quad 2^2 \times 4 = 16, \quad 4^2 \times 1 = 16$$

と計算されます。

これらを合計すると偏差平方和が 64 と計算されます。分散は，この値を度数の合計で割った値になります。

$$64 \div 16 = 4$$

標準偏差は，

$$\sqrt{4} = 2$$

となります。

練習問題3

問題3.1

次のデータから度数分布表を作りなさい。

1 2 2 3 3 3 4 4 4

問題3.2

次のデータから以下のような度数分布表を作りなさい。また，相対度数，累積度数，累積相対度数を計算しなさい。

0 0 1 2 2 2 3 3 4 4
4 5 5 5 5 7 7 7 8 9

度数分布表

階級	0以上 2未満	2以上 4未満	4以上 6未満	6以上 8未満	8以上 10未満
度数					

問題3.3

次のデータから例題3.3のような度数分布表を作り，平均，分散，標準偏差を計算しなさい。

1 2 2 3 3 3 4 4 4

問題3.4

次のデータから以下のような度数分布表を作りなさい。また，平均，分散，標準偏差を計算しなさい。

1 3 4 4 4 5 5 5 6 8

度数分布表

階級	0以上 2未満	2以上 4未満	4以上 6未満	6以上 8未満	8以上 10未満
度数					

問題3.5

以下の表はある大学の1年生の身長の測定値（単位：cm）です。

154	157	163	163	166	159	161	159	157	163
159	153	159	154	159	159	166	147	159	151
158	156	165	164	164	157	159	167	164	163
160	154	146	151	153	157	164	158	149	150
163	156	160	160	170	170	159	153	174	163
141	161	156	138	151	151	144	157	154	159
155	160	152	146	139	149	153	151	144	150
164	158	163	173	166	164	163	166	163	163
160	157	160	155	155	143	153	166	156	162
156	150	163	162	148	162	158	159	154	162

(1)　平均値，中央値，最頻値，最大値，最小値，範囲を求めなさい。

(2)　(1)の結果から，度数分布表を作るとき，階級はどのように区分するのが
　　妥当でしょうか。

(3)　(2)で導かれた階級を用いて度数分布表を作り，それぞれの階級の度数，
　　累積度数，相対度数，累積相対度数を求めなさい。

(4)　度数分布表から，ヒストグラムを作成しなさい。

※表計算ソフトを用いる場合のポイント

FREQUENCY関数の使い方をしっかり覚えましょう。

⇒「区間上限値」の欄の考え方を身につけましょう。

ヒストグラムの作成方法を覚えましょう。

4 分布曲線

4.1 正規分布

(1) 分布曲線

　連続していない飛び飛びのデータの分布は度数分布表で表されますが，連続するデータの分布は**分布曲線**で表されます。一定の範囲にどれだけのデータが含まれているかを示す相対度数は，分布曲線と横軸で囲まれた面積で表されます。

　分布曲線は**確率密度関数**で示されます。度数分布で度数は正の値であるのと同様に，分布曲線を表す確率密度関数は常に正の値をとり，相対度数を表す面積の合計は1になります。

(2) 正規分布

　正規分布は，統計学でよく利用する代表的な分布曲線です。誤差を伴う現象は，自然現象でも社会現象でも，正規分布に近い分布になることが知られています。正規分布になるデータは「正規分布に従う」と表現します。

　正規分布曲線はデータの平均 μ と標準偏差 σ でその形状が決まります。横軸にデータ，縦軸に確率密度をとったグラフでは，平均を頂点として，平均から離れるにしたがって左右対称に確率密度が下がる**ベルカーブ**と呼ばれる曲線になります。

　これは，平均に近いほどデータが多く，平均から離れるにしたがって，平均を挟んで左右対称にデータが少なくなっていく分布であることを意味しています。

(3) 標準化と標準正規分布

　さまざまな正規分布のうち平均 μ が0，標準偏差 σ が1の正規分布を**標準正規分布**といいます。

正規分布に従っているデータは，各データのZ値を求めて標準化すると，データの平均μは0，標準偏差σは1になるので，どのような正規分布に従うデータもすべて標準正規分布に従うことになります。

　標準正規分布曲線は，横軸にとられていた元のデータがZ値になっているので，横軸はZ値になります。横軸にz，縦軸に確率密度をとったグラフでは，平均0を頂点として，平均から離れるにしたがって左右対称に確率密度が下がるベルカーブを描きます。

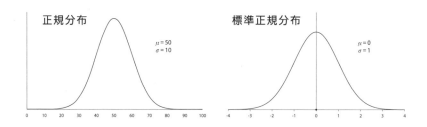

例題4.1　　正規分布と標準正規分布

　あるデータが平均50，標準偏差10の正規分布に従っている。標準化するとどのような分布になるか。

【解答】

　どのようなデータも標準化すると平均0，標準偏差1になる。したがって，このデータの分布は平均0，標準偏差1の標準正規分布になる。

4.2　標準正規分布

（1）標準正規分布表

　標準正規分布は標準化したデータの分布なので，横軸はデータを標準化したZ値になります。横軸にとられたZについて，$Z=0$からあるZの値までにどれだけのデータが含まれているかを計算した表が**標準正規分布表**です。

　あるZの値は，表側で小数第1位まで，表頭で小数第2位を表しています。

> **例題4.2**　標準正規分布表の使い方1
>
> 標準正規分布表から次の確率（相対度数）を読み取りなさい。
>
> (1) $Z=0$ と $Z=1.00$ の間の確率
>
> (2) $Z=0$ と $Z=2.00$ の間の確率
>
> (3) $Z=0$ と $Z=3.00$ の間の確率

【解答】

(1) 表側（左端の列）から1.0，表頭（先頭の行）から0.00の位置にある数値を読むと，0.34134。

(2) 表側（左端の列）から2.0，表頭（先頭の行）から0.00の位置にある数値を読むと，0.47725。

(3) 表側（左端の列）から3.0，表頭（先頭の行）から0.00の位置にある数値を読むと，0.49865。

> **例題4.3**　標準正規分布表の使い方2
>
> 標準正規分布表から（　）にあてはまる Z を読み取りなさい。
>
> (1) $Z=0$ と $Z=$（　）の間の確率は0.45
>
> (2) $Z=0$ と $Z=$（　）の間の確率は0.475
>
> (3) $Z=0$ と $Z=$（　）の間の確率は0.495

【解答】

(1) 表中の数値から0.45に最も近い数値を探すと，0.44950が見つかります。
0.44950の表側は1.6，表頭は0.04なので，Z は1.64。

(2) 表中の数値から0.475に最も近い数値を探すと，0.47500が見つかります。
0.47500の表側は1.9，表頭は0.06なので，Z は1.96。

(3) 表中の数値から0.495に最も近い数値を探すと，0.49506が見つかります。
0.49506の表側は2.5，表頭は0.08なので，Z は2.58。

標準正規分布表

標準正規分布表から次の確率（相対度数）を読み取りなさい。

(1) $Z=1.00$ と $Z=2.00$ の間

(2) $Z=1.72$ から左端までの範囲

(3) $Z=-1.27$ から左端までの範囲

(4) $Z=-1.36$ からの右端までの範囲

(5) $Z=-1.31$ と $Z=2.33$ の間

【解答】

標準正規分布表から読み取れる確率は，図①のＡの面積に相当します。

図①

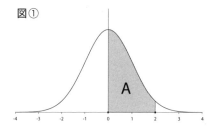

(1)（Ａ－Ｂ）タイプ

図②

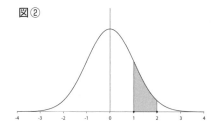

　求めたい確率は図②の面積で表されます。図①のＡの面積から図③のＢの面積を引き算します。

図③

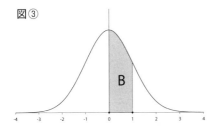

　Aの面積で表される$Z=0$と$Z=2.00$の間の確率は0.47725，Bの面積で表される$Z=0$と$Z=1.00$の間の確率は0.34134です。よって，図②の面積で表される$Z=1.00$と$Z=2.00$の間の確率は，

$$0.47725 - 0.34134 = 0.13591$$

と計算されます。

(2) (0.5＋A) タイプ

図④

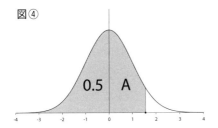

　求めたい確率は図④の面積で表されます。左半分の面積0.5とAの面積を足し算します。

　Aの面積で表される$Z=0$と$Z=1.72$の間の確率は0.45728です。$Z=0$から左端までの間は，全体の半分なので確率は0.5です。

　よって，図④で表される$Z=1.72$から左端までの範囲の確率は，

$$0.5 + 0.45728 = 0.95728$$

と計算されます。

⑶ (0.5−A) タイプ

図⑤

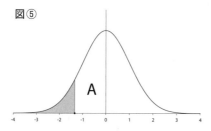

　求めたい確率は図⑤の面積で表されます。図⑥のように右半分に移して考えて，右半分の面積0.5からAの面積を引き算します。

図⑥

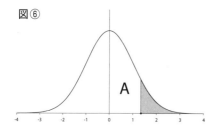

　図⑤のAの面積で表される$Z=0$から$Z=-1.27$の間の確率は，図⑥のAの面積で表される$Z=0$から$Z=1.27$の間の確率と等しいので0.39796です。

　よって，$Z=-1.27$から左端までの範囲の確率は，$Z=1.27$から右端までの確率と等しいので，

$$0.5-0.39796=0.10204$$

と計算されます。

(4)（0.5＋A）タイプ

図⑦

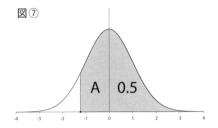

　求めたい確率は図⑦の面積で表されます。左側のAの面積は図①のように右半分に移して求めて，求めたAの面積と右半分の面積0.5を足し算します。

　図⑦のAの面積で表される$Z=0$から$Z=-1.36$の間の確率は，図①のAの面積で表される$Z=0$から$Z=1.36$の間の確率と等しいので0.41309です。

　よって，$Z=-1.36$からの右端までの範囲に確率は，

$$0.5 + 0.41309 = 0.91309$$

と計算されます。

(5)（A＋B）タイプ

図⑧

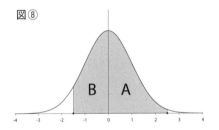

　求めたい確率は図⑧の面積で表されます。Bの面積は図①のように右半分に移して求めて，求めたBの面積とAの面積を足し算します。

　図⑧のBの面積で表される$Z=0$から$Z=-1.31$の間の確率は，図①のAの面積で表される$Z=0$から$Z=1.31$の間の確率と等しいので0.40490です。また，$Z=0$から$Z=2.33$の間の確率は0.49010です。

　よって，図⑧のAの面積とBの面積を足し算した面積で表される$Z=-1.31$

と$Z=2.33$の間の確率は,

$$0.40490 + 0.49010 = 0.89500$$

と計算されます。

例題4.5　標準化と標準正規分布表 1

　　ある試験の結果は平均40点, 標準偏差10点の正規分布になっていた。
次の確率になる点数を求めなさい。

　（1）平均から（　）点の間の確率は0.45

　（2）平均から（　）点の間の確率は0.475

　（3）平均から（　）点の間の確率は0.495

【解答】

　　まず, 標準正規分布表から（　）にあてはまるZを読み取ります。次に,

　　Z＝偏差÷標準偏差＝（個々のデータの値−平均値）÷標準偏差

なので, 個々のデータの値は

　　個々のデータの値＝Z×標準偏差 + 平均値

と求まります。

（1）表中の数値から0.45に最も近い数値を探すと, 0.44950が見つかります。

　　0.44950の表側は1.6, 表頭は0.04なので, Zは1.64。

$$1.64 \times 10 + 40 = 56.4$$

（2）表中の数値から0.475に最も近い数値を探すと, 0.47500が見つかります。

　　0.47500の表側は1.9, 表頭は0.06なので, Zは1.96。

$$1.96 \times 10 + 40 = 59.6$$

（3）表中の数値から0.495に最も近い数値を探すと, 0.49506が見つかります。

　　0.49506の表側は2.5, 表頭は0.08なので, Zは2.58。

$$2.58 \times 10 + 40 = 65.8$$

例題4.6　　**標準化と標準正規分布表2**

　ある製品の販売価格を調べたら平均40円，標準偏差10円の正規分布になっていた。価格が次の値になる確率を求めなさい。

(1) 20円以下

(2) 30円以上

(3) 60円と70円の間

(4) 20円と50円の間

【解答】

　まず，Z値に直します。

(1) 20円のZ値は，$(20-40) \div 10 = -2$。よって，$Z = -2$から左端までの確率を求めます。

$$0.5 - 0.47725 = 0.02275$$

(2) 30円のZ値は，$(30-40) \div 10 = -1$。よって，$Z = -1$から右端までの確率を求めます。

$$0.5 + 0.34134 = 0.84134$$

(3) 60円のZ値は，$(60-40) \div 10 = 2$。70円のZ値は，$(70-40) \div 10 = 3$。よって，$Z = 2$から$Z = 3$までの確率を求めます。

$$0.49865 - 0.47725 = 0.0214$$

(4) 20円のZ値は，$(20-40) \div 10 = -2$。50円のZ値は，$(50-40) \div 10 = 1$。よって，$Z = -2$から$Z = 1$までの確率を求めます。

$$0.47725 + 0.34134 = 0.81859$$

標準正規分布表（下側確率：0からZまでの確率を示す）

Z	0.00	0.01	0.02	0.03	0.04	0.05	0.06	0.07	0.08	0.09
0.0	0.00000	0.00399	0.00798	0.01197	0.01595	0.01994	0.02392	0.02790	0.03188	0.03586
0.1	0.03983	0.04380	0.04776	0.05172	0.05567	0.05962	0.06356	0.06749	0.07142	0.07535
0.2	0.07926	0.08317	0.08706	0.09095	0.09483	0.09871	0.10257	0.10642	0.11026	0.11409
0.3	0.11791	0.12172	0.12552	0.12930	0.13307	0.13683	0.14058	0.14431	0.14803	0.15173
0.4	0.15542	0.15910	0.16276	0.16640	0.17003	0.17364	0.17724	0.18082	0.18439	0.18793
0.5	0.19146	0.19497	0.19847	0.20194	0.20540	0.20884	0.21226	0.21566	0.21904	0.22240
0.6	0.22575	0.22907	0.23237	0.23565	0.23891	0.24215	0.24537	0.24857	0.25175	0.25490
0.7	0.25804	0.26115	0.26424	0.26730	0.27035	0.27337	0.27637	0.27935	0.28230	0.28524
0.8	0.28814	0.29103	0.29389	0.29673	0.29955	0.30234	0.30511	0.30785	0.31057	0.31327
0.9	0.31594	0.31859	0.32121	0.32381	0.32639	0.32894	0.33147	0.33398	0.33646	0.33891
1.0	0.34134	0.34375	0.34614	0.34849	0.35083	0.35314	0.35543	0.35769	0.35993	0.36214
1.1	0.36433	0.36650	0.36864	0.37076	0.37286	0.37493	0.37698	0.37900	0.38100	0.38298
1.2	0.38493	0.38686	0.38877	0.39065	0.39251	0.39435	0.39617	0.39796	0.39973	0.40147
1.3	0.40320	0.40490	0.40658	0.40824	0.40988	0.41149	0.41309	0.41466	0.41621	0.41774
1.4	0.41924	0.42073	0.42220	0.42364	0.42507	0.42647	0.42785	0.42922	0.43056	0.43189
1.5	0.43319	0.43448	0.43574	0.43699	0.43822	0.43943	0.44062	0.44179	0.44295	0.44408
1.6	0.44520	0.44630	0.44738	0.44845	0.44950	0.45053	0.45154	0.45254	0.45352	0.45449
1.7	0.45543	0.45637	0.45728	0.45818	0.45907	0.45994	0.46080	0.46164	0.46246	0.46327
1.8	0.46407	0.46485	0.46562	0.46638	0.46712	0.46784	0.46856	0.46926	0.46995	0.47062
1.9	0.47128	0.47193	0.47257	0.47320	0.47381	0.47441	0.47500	0.47558	0.47615	0.47670
2.0	0.47725	0.47778	0.47831	0.47882	0.47932	0.47982	0.48030	0.48077	0.48124	0.48169
2.1	0.48214	0.48257	0.48300	0.48341	0.48382	0.48422	0.48461	0.48500	0.48537	0.48574
2.2	0.48610	0.48645	0.48679	0.48713	0.48745	0.48778	0.48809	0.48840	0.48870	0.48899
2.3	0.48928	0.48956	0.48983	0.49010	0.49036	0.49061	0.49086	0.49111	0.49134	0.49158
2.4	0.49180	0.49202	0.49224	0.49245	0.49266	0.49286	0.49305	0.49324	0.49343	0.49361
2.5	0.49379	0.49396	0.49413	0.49430	0.49446	0.49461	0.49477	0.49492	0.49506	0.49520
2.6	0.49534	0.49547	0.49560	0.49573	0.49585	0.49598	0.49609	0.49621	0.49632	0.49643
2.7	0.49653	0.49664	0.49674	0.49683	0.49693	0.49702	0.49711	0.49720	0.49728	0.49736
2.8	0.49744	0.49752	0.49760	0.49767	0.49774	0.49781	0.49788	0.49795	0.49801	0.49807
2.9	0.49813	0.49819	0.49825	0.49831	0.49836	0.49841	0.49846	0.49851	0.49856	0.49861
3.0	0.49865	0.49869	0.49874	0.49878	0.49882	0.49886	0.49889	0.49893	0.49896	0.49900

練習問題4

問題4.1

標準正規分布表から次の確率（相対度数）を読み取りなさい。

(1)　$Z=0$と$Z=0.5$の間の確率

(2)　$Z=0$と$Z=1.5$の間の確率

(3)　$Z=0$と$Z=2.5$の間の確率

問題4.2

標準正規分布表から（　）にあてはまるZを読み取りなさい。

(1)　$Z=0$と$Z=$（　）の間の確率は0.1

(2)　$Z=0$と$Z=$（　）の間の確率は0.3

(3)　$Z=0$と$Z=$（　）の間の確率は0.4

(4)　$Z=0$と$Z=$（　）の間の確率は0.49

問題4.3

標準正規分布表から次の確率（相対度数）を読み取りなさい。

(1)　$Z=1$と$Z=3$の間

(2)　$Z=2.5$から左端までの範囲

(3)　$Z=-0.5$から左端までの範囲

(4)　$Z=-1.5$からの右端までの範囲

(5)　$Z=-1$と$Z=2.5$の間

問題4.4

ある試験の結果は平均50点，標準偏差8点の正規分布になっていた。次の確率になる点数を求めなさい。

(1) 平均から（　）点の間の確率は0.45

(2) 平均から（　）点の間の確率は0.475

(3) 平均から（　）点の間の確率は0.495

問題4.5

ある製品の販売価格を調べたら平均50円，標準偏差20円の正規分布になっていた。価格が次の値になる確率を求めなさい。

(1) 20円以下

(2) 30円以上

(3) 60円と70円の間

(4) 20円と50円の間

問題4.6

100人の生徒の数学の成績が，平均70点，標準偏差10点で正規分布に近い分布になっている。

(1) 50点から60点までの生徒は何％くらいいるか。

(2) 70点から80点までの生徒は何％くらいいるか。

(3) 60点以下の生徒は何人くらいいるか。

(4) 上から20％以内に入るためには何点以上とればよいか。

(5) 上から10番目以内に入るためには何点以上とればよいか。

(6) 無作為に1人選んだとき，その人の点数が70点以上である確率は何％くらいか。

問題4.7

　期末試験で清君の成績は英語78点，数学79点でどちらも平均点を下回っていました。

　英語の平均点は80点，標準偏差6点，数学は平均点85点，標準偏差4点の正規分布に従うとき，清君の英語と数学の成績は下からどれくらいの順位か，百分率で答えなさい。

※正規分布表の使い方を覚える。

5 標本調査

5.1 標本調査，全数調査

　調査したい対象が大量の数になるとき，調査対象の一部分のデータを取り出したものを**標本**といい，それを対象に調査することを**標本調査**といいます。調査対象の全体のデータを**母集団**といい，それを対象に調査することを**全数調査**といいます。

　母集団のデータの個数を**母集団の大きさ**，標本のデータの個数を**標本の大きさ**といいます。

例題5.1

　1から100までの整数からなる母集団から標本の大きさ10の標本を作りなさい。

【解答】

　1から100までの整数から10個の整数を取り出して標本とします。たとえば，

$$6, 93, 100, 15, 7, 77, 24, 55, 72, 78$$

5.2 母集団，標本

　母集団に全数調査をおこなって計算されるデータの平均を**母平均**，分散を**母分散**，標準偏差を**母標準偏差**とよび，標本調査から計算されるデータの平均，分散，標準偏差を**標本平均**，**標本分散**，**標本標準偏差**とよんで区別します。

| 例題5.2 | 母集団と標本の平均・分散・標準偏差 |

　母集団2, 4, 5, 6, 8から標本2, 8を取り出したとき, 母平均, 母標準偏差, 標本平均, 標本標準偏差を求めなさい。

【解答】

　まず母集団のデータから次の表を作成して, 母平均と母分散を計算します。

	データ	偏差	偏差の2乗
	2	-3	9
	4	-1	1
	5	0	0
	6	1	1
	8	3	9
合計	25	0	20
平均	5	0	4

　表から母平均＝5, 母分散＝4となります。母標準偏差は, 母分散から, $\sqrt{4}=2$と求められます。

　また, 標本のデータから次の表を作成して, 標本平均と標本分散を計算します。

	データ	偏差	偏差の2乗
	2	-3	9
	8	3	9
合計	10	0	18
平均	5	0	9

　表から標本平均＝5, 標本分散＝9となります。標本標準偏差は, 標本分散から, $\sqrt{9}=3$と求められます。

　（答）　母平均＝5, 母標準偏差＝2, 標本平均＝5, 標本標準偏差＝3

5.3 標本平均の平均・分散

1つの母集団から標本をいくつか取り出し，それぞれの標本の標本平均を求めれば，さらにその標本平均の平均と分散を求めることができます。

例題5.3 標本平均の平均・分散

母集団1, 1, 4から標本の大きさ2の標本をすべて取り出したとき，

(1) すべての標本の標本平均を求めなさい。

(2) 標本平均の平均を求めなさい。

(3) 標本平均の分散を求めなさい。

【解答】

(1) 1, 1, 4という3つの数字から2つの数字の組み合わせを作ると，

$(1,1)$　平均 $=(1+1)\div 2=1$

$(1,4)$　平均 $=(1+4)\div 2=2.5$

$(4,4)$　平均 $=(4+4)\div 2=4$

という3つの標本平均をもつ標本が，合計9組できます。9組の標本平均を次のような表で計算します。

	1	1	4
1	1	1	2.5
1	1	1	2.5
4	2.5	2.5	4

(2)・(3) この表で計算した標本平均の度数分布表を作り，**標本平均の平均・分散**を求めます。標本平均の値が1あるいは2.5となるのは4度数ずつ，4となるのは1度数あります。したがって，次のような度数分布表になります。

44

データ	(1)度数	(2)データの和	(3)偏差	(4)偏差×度数	(5)偏差の2乗の和
1	4	4	-1	-4	4
2.5	4	10	0.5	2	1
4	1	4	2	2	4
合計	9	18		0	9
平均		2			1

(1) 度数は，1が4個あるので4度数，2.5が4個あるので4度数，4が1個 あるので1度数と数えます。

(2) 各データの和は，次のようにデータの値×度数と計算されます。

$$1 \times 4 = 4, \ 2.5 \times 4 = 10, \ 4 \times 1 = 4$$

各データの和の合計は18となるので，それを度数の合計9で割ると，平均 は，

$$18 \div 9 = 2$$

と計算されます。

(3) 1つのデータの偏差は，各データの値から平均を引いた

$$1 - 2 = -1, \ 2.5 - 2 = 0.5, \ 4 - 2 = 2$$

と計算されます。

(4) 各データの偏差の和は，1つのデータの偏差に度数をかけたものとして 計算されるので，

$$-1 \times 4 = -4, \ 0.5 \times 4 = 2, \ 2 \times 1 = 2$$

となります。これを合計すると必ず0になります。

(5) 次に各データの偏差の2乗の和を計算します。各データの偏差の2乗の 和は，1つのデータの偏差の2乗にそのデータの度数をかけたものとして 計算されるので，

$$(-1)^2 \times 4 = 4, \ 0.5^2 \times 4 = 1, \ 2^2 \times 1 = 4$$

と計算されます。

これらを合計すると偏差平方和が9と計算されます。分散は，この値を

度数の合計で割った値になります。

$$9 \div 9 = 1$$

標準偏差は，

$$\sqrt{1} = 1$$

となります。

（答） 標本平均の平均＝2，標本平均の分散＝1

5.4 母平均，母分散

母集団の平均（母平均）と標本平均の平均の間には，次のような関係があります。

標本平均の平均＝母平均

また，母集団の分散（母分散）と標本平均の分散の間には，次のような関係があります。

標本平均の分散＝母分散÷標本の大きさ

例題5.4　母平均・母分散と標本平均の平均・分散

母集団1，1，4から標本の大きさ2の標本をすべて取り出したとき，

(1) 母平均を求めて，標本平均の平均と比較しなさい。

(2) 母分散を求めて，標本平均の分散と比較しなさい。

【解答】

次の表で母平均と母分散を求めます。

	データ	偏差	偏差の2乗
	1	−1	1
	1	−1	1
	4	2	4
合計	6	0	6
平均	2	0	2

　表から（母）平均＝2，（母）分散＝2となります。例題5.3で求めた標本平均の平均＝2，標本平均の分散＝1と比較すると，

　　標本平均の平均＝母平均＝2

　　標本平均の分散＝母分散÷標本の大きさ＝2÷2＝1

　したがって，(1)標本平均の平均は母平均に等しい，(2)標本平均の分散は母分散÷標本の大きさに等しい，ということがいえます。

5.5　標本平均の分布

　母集団が正規分布なら，その母集団から取り出した標本から計算される標本平均の分布は，

　　平均＝母平均

　　標準偏差＝$\sqrt{母分散 \div 標本の大きさ}$＝母標準偏差÷$\sqrt{標本の大きさ}$

の正規分布になります。

　また，母集団が正規分布でなくても，その母集団から取り出した標本の標本の大きさが十分大きければ，取り出した標本から計算される標本平均の分布は，

　　平均＝母平均

　　標準偏差＝$\sqrt{母分散 \div 標本の大きさ}$＝母標準偏差÷$\sqrt{標本の大きさ}$

の正規分布になります。これを**中心極限定理**と呼びます。

例題5.5　　中心極限定理

　平均10，標準偏差5の母集団から標本の大きさ100の標本を取り出したとき，標本平均はどのような分布になるか。

【解答】

　標本の大きさ100は十分大きなサイズなので，この母集団から取り出した標本の標本平均は，

平均＝母平均＝10

標準偏差＝母標準偏差÷$\sqrt{標本の大きさ}$＝5÷$\sqrt{100}$＝5÷10＝0.5

の正規分布になります。

5.6 区間推定

　母集団が正規分布になっているとき，あるいは中心極限定理が成り立つとき，標本平均の分布は，

　　平均＝母平均

　　標準偏差＝$\sqrt{母分散÷標本の大きさ}$＝母標準偏差÷$\sqrt{標本の大きさ}$

の正規分布になります。このことと，標準正規分布表を利用して，標本調査の結果からわかる数値から，一定の確率で母平均が含まれる区間（下限値と上限値）を予測することができます。これを**区間推定**といいます。

（1）信頼度

　母平均がある区間に含まれる確率を**信頼度**といいます。ここでは95％の場合を想定します。

（2）信頼区間

　信頼度95％で母平均が含まれる区間を，信頼度95％の**信頼区間**といいます。母集団から標本調査を繰り返して得られた標本平均の95％が，この信頼区間に含まれることを意味します。

（3）下限値・上限値

　信頼度95％の信頼区間で母平均を区間推定すると，

　　下限値＝標本平均−1.96×母標準偏差÷$\sqrt{標本の大きさ}$

　　上限値＝標本平均＋1.96×母標準偏差÷$\sqrt{標本の大きさ}$

48

　よって，母平均は，信頼度95％で下限値から上限値の区間に含まれるといえます。

| 例題5.6 | 信頼度95%の信頼区間 |

　平均＝0，標準偏差＝1の標準正規分布で，平均から左右対称に95％のデータが含まれる区間の左端（下限）と右端（上限）の値を求めなさい。

【解答】

　標準正規分布は，中心が平均0で左右対称になっているので，平均0より右側で考えます。左右対称ですので，右側では95％（＝0.95）の半分の47.5％（＝0.95÷2＝0.475）になっています。

　正規分布では，ある範囲に全体の何パーセントが含まれるかを示す相対度数にあたる確率は，縦軸，横軸，正規分布曲線で囲まれた面積で表されています。

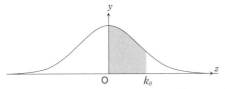

　標準正規分布表から，平均0から右側の面積が0.475になるk_0の値1.96を読み取ります。

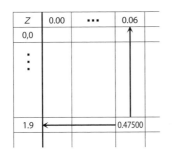

Z	0.00	•••	0.06
0.0			
⋮			
1.9	←		0.47500

　左右対称ですので，平均0より左側も，95％（＝0.95）の半分の47.5％（＝0.95÷2＝0.475）になっています。したがって，平均0から左側の面積が0.475になるZの値は，−1.96となります。

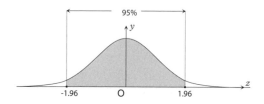

以上から，標準正規分布で，平均0から左右対称に95％のデータが含まれる区間の左端（下限）の値は-1.96，右端（上限）の値は1.96となります。つまり，

$$-1.96 \leq Z \leq 1.96$$

が成り立っています。

例題5.7 標本平均の標準化

ある母集団から，標本の大きさ100の標本を取り出したときの標本平均を標準化しなさい。

【解答】

標本の大きさ100は十分大きなサイズなので，この母集団から取り出した標本の標本平均は，

（標本平均の）平均＝母平均

（標本平均の）標準偏差＝母標準偏差÷$\sqrt{標本の大きさ}$

の正規分布になります。標準化された値であるZ値は，

Z＝（データ－平均）÷標準偏差＝偏差÷標準偏差

で求められるので，ここでは，データにあたるのが標本平均ですので，

Z＝（標本平均－標本平均の平均）÷標本平均の標準偏差

を計算することになります。

したがって，ある標本平均を標準化した値をZとすると，

Z＝（標本平均－標本平均の平均）÷標本平均の標準偏差

$$= (標本平均 - 母平均) \div (母標準偏差 \div \sqrt{標本の大きさ})$$

$$= (標本平均 - 母平均) \div (母標準偏差 \div \sqrt{100})$$

$$= (標本平均 - 母平均) \div (母標準偏差 \div 10)$$

例題5.8　信頼度95%の区間推定1

　ある母集団から，標本の大きさ100の標本を取り出したとき，母平均を95%の信頼度で区間推定しなさい。

【解答】

　信頼度95%の信頼区間で区間推定するということは，標本平均を標準化したZについて，

$$-1.96 \leqq Z \leqq 1.96$$

が成り立っています。また，$\sqrt{標本の大きさ} = \sqrt{100} = 10$より，

$$Z = (標本平均 - 母平均) \div (母標準偏差 \div 10)$$

となります。

　$Z \leqq 1.96$ から，

$$Z = (標本平均 - 母平均) \div (母標準偏差 \div 10) \leqq 1.96$$

（母標準偏差÷10）を両辺にかけると，

$$(標本平均 - 母平均) \leqq 1.96 \times (母標準偏差 \div 10)$$

標本平均を両辺からひくと，

$$-母平均 \leqq -標本平均 + 1.96 \times (母標準偏差 \div 10)$$

−1を両辺にかけると，

$$母平均 \geqq 標本平均 - 1.96 \times (母標準偏差 \div 10)$$

となります。つまり，

$$母平均の下限値 = 標本平均 - 1.96 \times (母標準偏差 \div 10)$$

ということになります。

同様に，$-1.96 \leqq Z$ から，

$$Z = (標本平均 - 母平均) \div (母標準偏差 \div 10) \geqq -1.96$$

（母標準偏差 ÷ 10）を両辺にかけると，

$$(標本平均 - 母平均) \geqq -1.96 \times (母標準偏差 \div 10)$$

標本平均を両辺からひくと，

$$-母平均 \geqq -標本平均 - 1.96 \times (母標準偏差 \div 10)$$

-1 を両辺にかけると，

$$母平均 \leqq 標本平均 + 1.96 \times (母標準偏差 \div 10)$$

となります。つまり，

$$母平均の上限値 = 標本平均 + 1.96 \times (母標準偏差 \div 10)$$

ということになります。

以上をまとめると，母平均は，下限値 = 標本平均 − 1.96 ×（母標準偏差 ÷ 10）から上限値 = 標本平均 + 1.96 ×（母標準偏差 ÷ 10）の区間に，信頼度95％で区間推定されるといえます。

例題5.9 **信頼度95％の区間推定2**

母標準偏差が5の母集団から，標本の大きさ100の標本を取り出したとき，標本平均は2だった。母平均を95％の信頼度で区間推定しなさい。

【解答】

$$下限値 = 標本平均 - 1.96 \times 母標準偏差 \div \sqrt{標本の大きさ}$$

$$上限値 = 標本平均 + 1.96 \times 母標準偏差 \div \sqrt{標本の大きさ}$$

より，まず，

$$1.96 \times 母標準偏差 \div \sqrt{標本の大きさ}$$

を求めます。

$$1.96 \times 母標準偏差 \div \sqrt{標本の大きさ} = 1.96 \times 5 \div \sqrt{100} = 1.96 \times 5 \div 10 = 0.98$$

$$下限値 = 標本平均 - 1.96 \times 母標準偏差 \div \sqrt{標本の大きさ} = 2 - 0.98 = 1.02$$

$$上限値 = 標本平均 + 1.96 \times 母標準偏差 \div \sqrt{標本の大きさ} = 2 + 0.98 = 2.98$$

よって，母平均は，信頼度95％で1.02から2.98と区間推定されます。

問題5.1

母集団2，2，8から標本の大きさ2の標本をすべて取り出したとき，

(1) すべての標本の標本平均を求めなさい。

(2) 標本平均の平均を求めなさい。

(3) 標本平均の分散を求めなさい。

問題5.2

母集団2，2，8から標本の大きさ2の標本をすべて取り出したとき，

(1) 母平均を求めて，標本平均の平均と比較しなさい。

(2) 母分散を求めて，標本平均の分散と比較しなさい。

問題5.3

(1) 平均10，標準偏差5の母集団から標本の大きさ400の標本を取り出したとき，標本平均はどのような分布になるか。

(2) 平均100，標準偏差20の母集団から標本の大きさ100の標本を取り出したとき，標本平均はどのような分布になるか。

問題5.4

(1) 平均＝0，標準偏差＝1の標準正規分布で，平均から左右対称に90％のデータが含まれる区間の左端（下限）と右端（上限）の値を求めなさい。

(2) 平均＝0，標準偏差＝1の標準正規分布で，平均から左右対称に99％のデータが含まれる区間の左端（下限）と右端（上限）の値を求めなさい。

問題5.5

ある母集団から，標本の大きさ100の標本を取り出したとき，母平均を90％

の信頼度で区間推定しなさい。

問題5.6

（1）　母標準偏差が5の母集団から，標本の大きさ100の標本を取り出したとき，標本平均は2だった。母平均を90％の信頼度で区間推定しなさい。

（2）　母標準偏差が5の母集団から，標本の大きさ100の標本を取り出したとき，標本平均は2だった。母平均を99％の信頼度で区間推定しなさい。

問題5.7

　ある部品の重量について標本調査をおこなったら標本平均は100gだった。標準偏差は20gであることが過去のデータからわかっている場合，標本サイズ400個の標本調査をしたとき，信頼度95％で平均値を区間推定しなさい。

問題5.8

（1）　1学年1000人の学校で，100点満点の共通テストを行い，母集団の標準偏差は5だった。この学年より無作為に選ばれた10人の点数は次のようになっていた。

　　　　　60　45　30　75　40　60　90　45　40　80

　このとき，母平均の信頼度95％の信頼区間を求めなさい。

（2）　1学年1000人の学校で，100点満点の共通テストを行い，この学年より無作為に選ばれた10人の点数は次のようだった。

　　　　　60　45　30　75　40　60　90　45　40　80

　このとき，母平均の信頼度95％の信頼区間を求めなさい。

※母集団の分散，もしくは標準偏差が示された場合とそうでない場合の違いを理解しよう。

6 散 布 図

　これまで1つのデータの分布の特徴についてみてきました。6章, 7章, 8章では, 2つのデータの分布の関係について考えてみます。

6.1 相 関 関 係

　2つのデータが相互に関係していることを**相関関係**といいます。相関関係は次の3つに分類されます。

(1) 正の相関関係

　一方の数値が増えると, もう一方の数値も増えるという関係を正の相関関係といいます。

(2) 負の相関関係

　一方の数値が増えると, 反対に, もう一方の数値は減るという関係を負の相関関係といいます。

(3) 無相関

　正の相関関係も負の相関関係もみられない場合を**無相関**といいます。

6.2 散 布 図

　相関関係を調べるために, 2つのデータを縦軸と横軸にとって描いたグラフを散布図といいます。グラフが直線に近くなればなるほど, 相関関係は強いことを示しています。相関関係の強さと直線の傾きは関係ありません。

(1) 正の相関関係があるとき

　横軸の数値が増えると縦軸の数値も増えるという関係があるデータが多いので, 散布図は右上がりの傾向があるグラフになります。

（2）負の相関関係があるとき

　横軸の数値が増えると，反対に縦軸の数値は減るという関係があるデータが多いので，散布図は右下がりの傾向があるグラフになります。

（3）無相関のとき

　横軸の数値が増えると，縦軸の数値が増えるデータも減るデータもあるので，右上がりあるいは右下がりという傾向がみられないグラフになります。

例題6.1　相関関係と散布図

　次の2つのデータ x と y にはどのような相関関係があるか。散布図を描いて調べなさい。

(1)

x	5	4	6	2	3
y	7	5	9	1	8

(2)

x	5	4	6	2	3
y	3	5	1	9	2

(3)

x	1	2	3	4	5
y	3	4	1	4	3

【解答】

（1）正の相関関係

　散布図に右上がりの傾向がみられる。

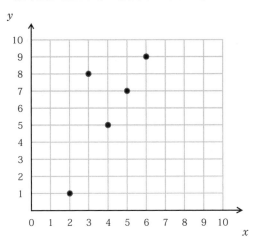

（2）負の相関関係

　散布図に右下がりの傾向がみられる。

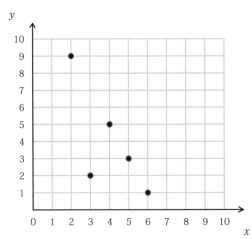

(3) 無相関

　　散布図に，右上がり，右下がりといった，はっきりした傾向がみられない。

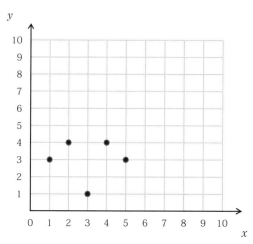

問題6.1

次の2つのデータxとyにはどのような相関関係があるか。散布図を描いて調べなさい。

x	1	2	3	4	5
y	1	8	5	9	7

問題6.2

次の2つのデータxとyにはどのような相関関係があるか。散布図を描いて調べなさい。

x	1	2	3	4	5
y	9	2	5	1	3

問題6.3

次の2つのデータxとyにはどのような相関関係があるか。散布図を描いて調べなさい。

x	3	4	5	6	7
y	7	6	9	5	8

問題6.4

下表はある自動車メーカーのミニバンのエンジンの排気量と出力およびガソリン1リットルあたりの燃費，乗車定員です。

車名	排気量(cc)	出力(PS)	燃費(km/l)	乗車定員
A	1200	80	19.5	7
B	1500	100	18.0	8
C	1500	120	16.0	7
D	1800	120	13.0	6
E	2000	135	13.5	7
F	2400	150	12.0	8
G	2400	150	13.0	5
H	2500	180	10.5	6
I	2500	180	10.0	8
J	3500	280	9.0	4

（1）　排気量と出力の散布図を作成しなさい。また両者にはどのような相関関係があるか。

（2）　排気量と燃費の散布図を作成しなさい。また両者にはどのような相関関係があるか。

（3）　排気量と乗員数の散布図を作成しなさい。また両者にはどのような相関関係があるか。

※表計算ソフトを用いる場合のポイント

　エクセルで散布図を作る際，左側の列データが横軸（x軸），右側の列データが縦軸（y軸）になります。

※8を学んだら，散布図に回帰直線，回帰式，決定係数を追加してみましょう。また相関行列を作成し，相関の強さや関係性について考えてみましょう。

7 相　　関

7.1 相関係数の計算方法

　2つのデータの相関関係を数値で表したものを**相関係数**といいます。相関係数は、2つのデータの**共分散**を、それぞれの標準偏差をかけたもので割ること（2つのデータの標準偏差で割ること）で計算されます。

　　共分散＝（xの偏差×yの偏差）の合計÷データの個数

　　相関係数＝共分散÷（xの標準偏差×yの標準偏差）

例題7.1　　共分散

次の2つのデータの共分散を求めなさい。

x	5	4	6	2	3
y	7	5	9	1	8

【解答】

次のような表を作成して計算します。

	x	xの偏差	y	yの偏差	xの偏差×yの偏差
	5	1	7	1	1
	4	0	5	−1	0
	6	2	9	3	6
	2	−2	1	−5	10
	3	−1	8	2	−2
合計	20	0	30	0	15
平均	4	0	6	0	3

　　　（xの偏差×yの偏差）の合計＝1＋0＋6＋10＋（−2）＝15

　　　共分散＝（xの偏差×yの偏差）の合計÷データの個数＝15÷5＝3

　共分散の式から，共分散が正なら，（xの偏差×yの偏差）の合計は正ということになります。これは，（xの偏差×yの偏差）が正となる数値の合計が負となる数値の合計より大きいことを意味しています。

　（xの偏差×yの偏差）が正となるのは，xの偏差とyの偏差が同じ符号になるときです。それは，両者とも正または両者とも負の場合です。

　「両者とも正＝xの偏差が正ならyの偏差も正になる」という場合は，「xの値が平均より大きければ（xの偏差が正ならば），yの値も平均より大きい（yの偏差も正）」ということになります。

　「両者とも負＝xの偏差が負ならyの偏差も負になる」という場合は，「xの値が平均より小さければ（xの偏差が負ならば），yの値も平均より小さい（yの偏差も負）」ということになります。

　したがって，共分散が正ということは，「xの値が平均より大きければyの値も平均より大きい」「xの値が平均より小さければyの値も平均より小さい」傾向があるということです。

　これは，xとyとの間には，「xの値が大きければyの値も大きい」「xの値が小さければyの値も小さい」という関係があるということを意味しています。

　一方，共分散が負ということは，「xの値が平均より大きければyの値は平均より小さい」，「xの値が平均より小さければyの値は平均より大きい」傾向があるということです。

　これは，xとyとの間には，「xの値が大きければyの値は小さい」「xの値が小さければyの値は大きい」という関係があるということを意味しています。

　相関係数の式から，相関係数の符号は共分散の符号で決まりますので，相関係数が正なら，xとyとの間には，「xの値が大きければyの値も大きい，xの値が小さければyの値も小さい」という関係があることを示しています。また相関係数が負なら，xとyとの間には，「xの値が大きければyの値は小さい，xの値が小さければyの値は大きい」という関係があることを示しています。

例題7.2	相関係数

次の2つのデータの相関係数を求めなさい

x	1	2	3	4	5
y	2	5	4	3	6

【解答】

次のような表を作成して，まず共分散を計算します。

x	xの偏差	y	yの偏差	xの偏差×yの偏差
1	-2	2	-2	4
2	-1	5	1	-1
3	0	4	0	0
4	1	3	-1	-1
5	2	6	2	4
合計 15	0	20	0	6
平均 3	0	4	0	1.2

  (xの偏差×yの偏差)の合計＝4＋(-1)＋0＋(-1)＋4＝6

  共分散＝(xの偏差×yの偏差)の合計÷データの個数＝6÷5＝1.2

次にxの標準偏差を計算します。

x	偏差	偏差の2乗
1	-2	4
2	-1	1
3	0	0
4	1	1
5	2	4
合計 15	0	10
平均 3	0	2

xの分散＝2と計算されるので，標準偏差＝$\sqrt{2}$

次にyの標準偏差を計算します。

	y	偏差	偏差の2乗
	2	−2	4
	5	1	1
	4	0	0
	3	−1	1
	6	2	4
合計	20	0	10
平均	4	0	2

yの分散＝2と計算されるので，標準偏差$\sqrt{2}$

したがって，

相関係数＝共分散÷（xの標準偏差×yの標準偏差）

$$=1.2 \div (\sqrt{2} \times \sqrt{2}) = 1.2 \div 2 = 0.6$$

7.2　相関係数の意味

　相関係数が正の値のときは正の相関関係を，負の値のときは負の相関関係を表します。相関係数が0のときは無相関になります。また，数字は，0に近いほど相関関係が弱いこと，1に近いほど相関関係が強いことを表します。

例題7.3　　相関係数と相関関係

　次の2つのデータxとyにはどのような相関関係があるか。相関係数を計算して調べなさい。

(1)

x	5	4	6	2	3
y	7	5	9	1	8

(2)

x	5	4	6	2	3
y	3	5	1	9	2

(3)

x	1	2	3	4	5
y	3	4	1	4	3

【解答】

(1) 正の相関関係

次のような表を作成して共分散を計算します。

	x	xの偏差	y	yの偏差	xの偏差×yの偏差
	5	1	7	1	1
	4	0	5	−1	0
	6	2	9	3	6
	2	−2	1	−5	10
	3	−1	8	2	−2
合計	20	0	30	0	15
平均	4	0	6	0	3

（xの偏差×yの偏差）の合計＝1＋0＋6＋10＋（−2）＝15

共分散＝（xの偏差×yの偏差）の合計÷データの個数＝15÷5＝3

次にx標準偏差を計算します。

x	偏差	偏差の2乗
5	1	1
4	0	0
6	2	4
2	-2	4
3	-1	1
合計　20	0	10
平均　4	0	2

xの分散＝2と計算されるので，標準偏差＝$\sqrt{2}$

次にyの標準偏差を計算します。

y	偏差	偏差の2乗
7	1	1
5	-1	1
9	3	9
1	-5	25
8	2	4
合計　30	0	40
平均　6	0	8

yの分散＝8と計算されるので，標準偏差＝$\sqrt{8}$＝$2\sqrt{2}$

したがって，

　　相関係数＝共分散÷（xの標準偏差×yの標準偏差）

　　　　　　＝$3÷(\sqrt{2}×2\sqrt{2})＝3÷(2×2)＝3÷4＝0.75$

相関係数が正の値なので，xとyは正の相関関係があります。

（2）負の相関関係

次のような表を作成して共分散を計算します。

x	xの偏差	y	yの偏差	xの偏差×yの偏差
5	1	3	-1	-1
4	0	5	1	0
6	2	1	-3	-6
2	-2	9	5	-10
3	-1	2	-2	2
合計 20	0	20	0	-15
平均 4	0	4	0	-3

　　(xの偏差×yの偏差)の合計 $= -1 + 0 + (-6) + (-10) + 2 = -15$

　　　共分散 $=$ (xの偏差×yの偏差)の合計 ÷ データの個数 $= -15 ÷ 5 = -3$

次にx標準偏差を計算します。

x	偏差	偏差の2乗
5	1	1
4	0	0
6	2	4
2	-2	4
3	-1	1
合計 20	0	10
平均 4	0	2

xの分散 $=2$ と計算されるので，標準偏差 $= \sqrt{2}$

次に y の標準偏差を計算します。

	y	偏差	偏差の2乗
	3	−1	1
	5	1	1
	1	−3	9
	9	5	25
	2	−2	4
合計	20	0	40
平均	4	0	8

y の分散 $=8$ と計算されるので，標準偏差 $=\sqrt{8}=2\sqrt{2}$

したがって，

相関係数 $=$ 共分散 $\div$（x の標準偏差 $\times$ y の標準偏差）

$$=-3\div(\sqrt{2}\times2\sqrt{2})=-3\div(2\times2)=-3\div4=-0.75$$

相関係数が負の値なので，x と y は負の相関関係があります。

(3) 無相関

次のような表を作成して，まず共分散を計算します。

	x	x の偏差	y	y の偏差	x の偏差 × y の偏差
	1	−2	3	0	0
	2	−1	4	1	−1
	3	0	1	−2	0
	4	1	4	1	1
	5	2	3	0	0
合計	15	0	15	0	0
平均	3	0	3	0	0

（x の偏差 × y の偏差）の合計 $=0+(-1)+0+1+0=0$

共分散＝（xの偏差×yの偏差）の合計÷データの個数＝0÷5＝0

次にxの標準偏差を計算します。

x	偏差	偏差の2乗
1	-2	4
2	-1	1
3	0	0
4	1	1
5	2	4
合計 15	0	10
平均 3	0	2

xの分散＝2と計算されるので，標準偏差＝$\sqrt{2}$

次にyの標準偏差を計算します。

y	偏差	偏差の2乗
3	0	0
4	1	1
1	-2	4
4	1	1
3	0	0
合計 15	0	6
平均 3	0	1.2

yの分散＝1.2と計算されるので，標準偏差＝$\sqrt{1.2}$

したがって，

相関係数＝共分散÷（xの標準偏差×yの標準偏差）

$$＝0÷(\sqrt{2}×\sqrt{1.2})＝0$$

相関係数が0なので，xとyは無相関です。

練習問題7

問題7.1

次の2つのデータ x と y にはどのような相関関係があるか。相関係数を計算して調べなさい。

x	1	2	3	4	5
y	1	8	5	9	7

問題7.2

次の2つのデータ x と y にはどのような相関関係があるか。相関係数を計算して調べなさい。

x	1	2	3	4	5
y	9	2	5	1	3

問題7.3

次の2つのデータ x と y にはどのような相関関係があるか。相関係数を計算して調べなさい。

x	3	4	5	6	7
y	7	6	9	5	8

問題7.4

次の2つのデータ x と y にはどのような相関関係があるか。

(1) 散布図を描いて調べなさい。

(2) 相関係数を計算して調べなさい。

x	1	2	3	4	5
y	2	4	1	5	3

次の2つのデータ x と y にはどのような相関関係があるか。

(1) 散布図を描いて調べなさい。

(2) 相関係数を計算して調べなさい。

x	1	2	3	4	5
y	4	2	5	1	3

8 回帰分析

これまで，2つのデータ間の関連性を分析する方法として，視覚的に分析する散布図，関連性の大きさを量的に測る相関係数について説明してきました。

回帰分析は，一方のデータに基づいて，他のデータを予測し，両者の関連性を確認する分析方法をいいます。

これは，現在よくいわれる機械学習の教師あり学習の一種といえます。過去データから未来データを予測し，企業の売上高予測や株価予測，地価予測などに活用でき，回帰分析から得られるものは非常に役立つ情報となります。

ここでは，下に示すような組になったデータ$[x, y]$を考え，xを用いてyの値を予測（推定）するモデルをつくることをいいます。

〇n人（個）のペアデータ

$$\begin{bmatrix} x_1 \\ y_1 \end{bmatrix}, \begin{bmatrix} x_2 \\ y_2 \end{bmatrix}, \cdots, \begin{bmatrix} x_n \\ y_n \end{bmatrix}$$

あるいは

$$\begin{bmatrix} x_1, & x_2, & \cdots, & x_n \\ y_1, & y_2, & \cdots, & y_n \end{bmatrix}$$

$\Rightarrow y_i = a + \beta x_i + \varepsilon_i \qquad i = 1, \cdots, n$

$\quad y = a + \beta x + \varepsilon \cdot \cdot \cdot$単回帰モデル

$\quad$（a, β：回帰係数，ε：誤差変数）

上記の**単回帰モデル**では，予測される側の変数yを「**目的変数（被説明変数，従属変数）**」，もとになる変数xを「**説明変数（独立変数）**」と呼びます。ここで考えているモデルは，線形の形をしているので，**回帰直線**ともいい，散布図上では，図表8.1や図表8.2の例のように，当てはまりの良い直線を求めることが目標となります。

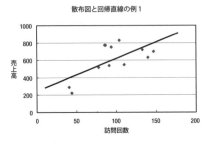

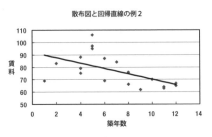

図表8.1　散布図と回帰直線の例1　　　図表8.2　散布図と回帰直線の例2

8.1　単回帰モデル

　こうした回帰直線は，各点から回帰直線までのy座標方向の距離を考え，この直線と全ての点ができるだけ接近するように決めてやります（図表8.3）。つまり，回帰直線を求めることは，すなわちa（y切片）とβ（傾き）を決めることをいうことになります。

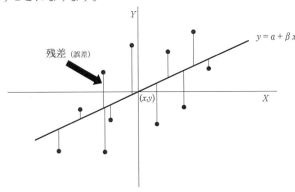

図表8.3　回帰直線の考え方

　モデル式 $y = a + \beta x + \varepsilon$ のaとβを推定する方法を，**最小二乗法**といいます。

$$Q = \{y_1 - (\alpha + \beta x_1)\}^2 + \{y_2 - (\alpha + \beta x_2)\}^2$$
$$+ \cdots + \{y_n - (\alpha + \beta x_n)\}^2$$

y_i：実測値，$a + \beta x_i$：直線上の値

これは残差を最小にするようにaとβを決めることで，上記で考えたように，データと回帰直線の距離ができる限り小さくなるようにする考え方です。

実際に，aとβを求めるには，以下の手順で計算できます。

① 最初に，βの推定値であるbを下記の様に求めます。

$$b = \frac{x と y の共分散}{x の分散} = \frac{s_{xy}}{v_x}$$

$$= \frac{\{(x_1 - \overline{x})(y_1 - \overline{y}) + (x_2 - \overline{x})(y_2 - \overline{y}) + \cdots + (x_n - \overline{x})(y_n - \overline{y})\}/n}{\{(x_1 - \overline{x})^2 + (x_2 - \overline{x})^2 + \cdots + (x_n - \overline{x})^2\}/n}$$

② bを用いて，aの推定値であるaを計算します。

$$a = \overline{y} - (b \times \overline{x})$$

例題8.1 　回帰直線

次の世帯の実収入(x)から支出額(y)を推定しなさい。

世帯	実収入	支出額
1	29.1	22.5
2	38.5	24.1
3	42.7	29.8
4	50.3	32.7
5	47.2	28.3
6	34.6	25.5
7	55.8	36.7

【解答】

まず，提示されたデータから次の表を作成して，実収入と支出額それぞれの

母平均と母分散，母標準偏差を計算します。表から実収入の母平均 = 42.6，母分散 = 73.966，母標準偏差 = 8.60となります。一方，支出額は，母平均 = 28.514，母分散 = 21.57，母標準偏差 = 4.64となります。

さらに，対応する実収入の偏差と支出額の偏差の積を計算し，その平均値である共分散を計算，表から共分散 = 37.547と求められます。

共分散を実収入の母標準偏差と支出額の母標準偏差をかけたもので割ると，相関係数 = 37.547 ÷ (8.60 × 4.64) = 0.940と計算でき，非常に高い正の相関があることがわかります。

世帯	実収入	支出額	実収入の偏差	実収入の偏差の平方	支出額の偏差	支出額の偏差の平方	偏差の積
1	29.1	22.5	-13.5	182.25	-6.014	36.172	81.193
2	38.5	24.1	-4.1	16.81	-4.414	19.486	18.099
3	42.7	29.8	0.1	0.01	1.286	1.653	0.129
4	50.3	32.7	7.7	59.29	4.186	17.520	32.230
5	47.2	28.3	4.6	21.16	-0.214	0.046	-0.986
6	34.6	25.5	-8.0	64.00	-3.014	9.086	24.114
7	55.8	36.7	13.2	174.24	8.186	67.006	108.051
合計	298.2	199.6	0.0	517.76	0.000	150.97	262.830
平均	42.6	28.514	0.0	73.966	0.000	21.57	37.547

ここから単回帰モデル式を提示するには，まず，共分散を実収入の母分散で割ることで1次式の傾きを計算します。

$$37.547 ÷ 73.966 = 0.50763$$

続いて，計算された傾きの値を利用して，支出額の平均値より傾きの値と実収入の平均値を掛けた値を引くと，切片が計算されます。

$$28.514 - 0.50763 × 42.6 ≒ 6.89$$

以上の計算より，単回帰式が以下のように計算されます。

$$y = 6.89 + 0.50763x$$

8.2　決定係数

前節で求めた回帰式はあくまでも予測的なものであり，この回帰式がどの程度フィットしているのか，モデルの説明力を評価する尺度が**決定係数**（R^2値）と呼ばれる指標です。決定係数は以下の式で算出でき，必ず0から1の範囲（$0 \leqq R^2 \leqq 1$）になります。そして値が1に近いほど，回帰式の当てはまり度合いが良いことを意味します。

$$決定計数\ R^2 = （相関係数）^2$$

また，目的変数 y の偏差平方和（S_Y）は，回帰直線によって予測できる部分（S_f）と予測できなかった部分（S_e）に分解することができます。そのため，図表8.4で示しているように決定係数は予測できた部分の割合を表しており，推定値の偏差平方和（S_f）を y の偏差平方和（S_Y）で割ることでも計算することができます。

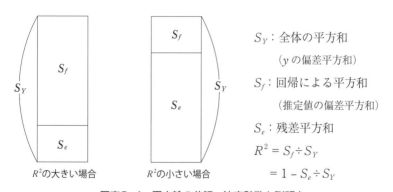

S_Y：全体の平方和
　　（y の偏差平方和）

S_f：回帰による平方和
　　（推定値の偏差平方和）

S_e：残差平方和

$R^2 = S_f \div S_Y$

　　$= 1 - S_e \div S_Y$

R^2の大きい場合　　　　R^2の小さい場合

図表8.4　平方輪の分解，決定計数と説明力

例題8.2　　決定係数 R^2

例題8.1で推定した回帰直線の決定係数を求めなさい。

【解答】

まず，例題8.1で算出した回帰式にのっとって推定値を計算し，実測値である支出額から推定値を引き算し，**残差**を計算します。さらに，支出額の偏差平方和，推定値の偏差平方和，残差の平方和を計算します。

世帯	実収入	支出額	推定値	残差	支出額の偏差平方	推定値の偏差平方	残差の平方
1	29.1	22.5	21.662	0.838	36.172	46.964	0.702
2	38.5	24.1	26.434	-2.334	19.486	4.332	5.446
3	42.7	29.8	28.566	1.234	1.653	0.003	1.523
4	50.3	32.7	32.424	0.276	17.520	15.278	0.076
5	47.2	28.3	30.850	-2.550	0.046	5.453	6.503
6	34.6	25.5	24.454	1.046	9.086	16.492	1.094
7	55.8	36.7	35.216	1.484	67.006	44.900	2.203
合計	298.2	199.6	199.605	-0.005	150.97	133.42	17.55
平均	42.6	28.514	28.515				

表から，支出額の偏差平方和 = 150.97，推定値の偏差平方和 = 133.42，残差の平方和 = 17.55 とわかります。支出額の偏差平方和は，推定値の偏差平方和と残差平方和の和と等しいため，150.97 = 133.42 + 17.55 と表すことができます。

R^2 値は，推定値の偏差平方和を支出額の偏差平方和で割ることで計算するか，残差の平方和を支出額の偏差平方和で割った値を 1 から引くこと計算することができます。

$$R^2 = 133.42 \div 150.97$$
$$R^2 = 1 - 17.55 \div 150.97$$
$$= 0.884$$

もちろん，相関係数 = 0.940 の二乗でも同じ係数を導くことができます。

練習問題8

問題8.1

　下表はある年の日中の平均気温(℃)と小売店の清涼飲料の売り上げ(本)を示したものです。

気温(℃)	清涼飲料の売上(本)
0	1
5	9
10	3
15	16
20	21
25	18
30	24
35	23

(1)　データを用いて平均気温を説明変数，清涼飲料の売上を目的変数とする散布図を作りなさい。
　また，散布図には回帰直線，回帰方程式，決定係数を付しなさい。

(2)　データを用いて相関係数を出しなさい。
　相関係数から，平均気温と清涼飲料の間にはどのような相関があるといえるか。

(3)　回帰式から気温が12℃のときの清涼飲料の売り上げを計算しなさい。

※表計算ソフトを用いる場合のポイント

散布図を作る際には，どちらが独立変数か従属変数かに注意すること。

相関係数を求める場合，関数だけでなく，相関係数を求める公式を用いて計算する方法も試してみよう。

次のデータは1世帯当たりの年間の生鮮肉の支出動向を示したデータです。このデータについて、$Y = a + \beta X$という回帰分析を行ないたい。

1世帯当たりの年間の生鮮肉の支出動向

	2015年		豚肉		鶏肉	
	価格 / 100 g	数量	価格 / 100 g	数量	価格 / 100 g	数量
2000年	258	10134	134	16217	91	11697
2003年	271	7862	133	16376	92	11553
2006年	300	6891	134	17305	91	11985
2009年	287	7032	133	18639	92	13647
2012年	270	6751	126	18774	87	14614
2015年	341	6200	149	19865	97	15694

(1) 牛肉，豚肉，鶏肉それぞれの回帰方程式を作りなさい。

(2) 牛肉が100gあたり400円になった時の数量はいくらとなるか。

(3) 散布図を作成しなさい。

※表計算ソフトを用いる場合のポイント

回帰分析を行う場合，傾きと切片を求める関数を使い，回帰方程式を求める方法や，分析ツールを用いて回帰分析を行うこともできます。加えて，散布図でも一定の情報（回帰式，決定係数）は得られるので，それらを組み合わせて使うとよいです。

補論　様々な統計に関するデータ収集と方法

　情報収集をし，それによって得られたデータによって統計量を求めることは，様々な分野で行われています。例えば，最近流行している商品の販売個数や市場シェアといった日常の疑問や自分の研究分野における探求などをきっかけに情報検索を行い，そこから新たなデータを導き出すという行為となります。あるいは自社商品が市場でどのような評価をされているかといったを調べるためにアンケート調査を行うなども一例です。ここでは，データを集める際の方法についての基本方法である文献検索とインターネットによる情報収集について解説します。

1　文献検索

　文献検索は，既存のまとまった文献・資料から調査をすることで，情報収集の基本です。多くの場合，その第一段階となるのは自分の興味あるテーマや調査対象について論じられた文献（図書や論文）について当たることです。

　調査対象について興味をもつきっかけとしては，Web上にあげられたブログやSNSのほか，あるいは新聞や雑誌の記事などといった旧来のものもあるでしょう。しかし，そういったものの中には元となる調査やデータから引用したものも多く，目的の情報を得るにはオリジナルに当たる必要性があります。またテーマ・調査対象に関する十分な知見を得るには，当該文献のみならず**先行研究**を網羅する必要もあります。それにはまず文献タイトルをリストアップすることが重要となります。

2　文献をリストアップする

目的とするテーマ・調査対象に関連する文献タイトルをリストアップするに

は，まず最初はGoogleやYahoo!，InfoSeekなどの検索エンジンを利用することが多いと思います。検索エンジンには学術情報のみならず，グローバルかつ多様な情報源があります（中には怪しい情報もありますが）。

　現在はスマホの普及で場所を選ばずに情報収集ができますので，疑問や発想が浮かんだら，その場で検索するといったことを心掛けておけば，周辺の情報も含めて多くの情報を得ることができます。そこからキーワードを抽出し，情報の整理をしてアウトラインを固めます。その後再び学術情報の検索サービスである「**Google Scholar**」や，「**CiNii（サイニイ）**」などの大学図書館ウェブサイトからアクセスできるデータベース検索サービスを利用すると良いでしょう。

（1）Google Scholar

https://scholar.google.co.jp/

　Google ScholarはGoogle社が提供する学術論文検索用エンジンです。学術情報（査読論文，学位論文，書籍，テクニカルレポート等）に特化した検索エンジンで，Google検索と同様のインターフェイスを持ち，任意のキーワードを入力して検索します。結果は関連度の高い順にリストアップされるとともに，引用された回数の多い順に並べられるので，有用な論文を見つけることができます。

プロフィール　　マイライブラリ　　　　　　　　　ログイン

Google Scholar

○ すべての言語　○ 英語と日本語のページを検索

Google Scholar検索画面

https://scholar.google.co.jp/(参照：2020年2月)

（2）CiNii - 国立情報学研究所

http://ci.nii.ac.jp/

　国立情報学研究所(NII)が提供する論文情報ナビゲータです。アクセスフ

リー（無料）で利用することができ，大学等で発行された紀要や，学協会発行の学術雑誌などを検索するとともに，収録している本文**PDF**の内容を検索する全文検索機能も公開されています。当該論文の引用情報を辿ることもできるほか，国立国会図書館の雑誌記事索引も収録しています。

日本の論文をさがす

CiNii 日本の論文をさがす
Articles

論文検索　著者知究　全文検索

フリーワード　　　　　　　　　　　　　　　　　　　検索

すべて　　　　　　　　本文あり

CiNii - 国立情報学研究所検索画面

http://ci.nii.ac.jp/　（参照：2020年2月）

3　リストアップした文献の所在を確認する

　リストアップした文献は現在PDFなどの電子媒体で入手することが容易になりました。上記検索エンジンから直接得られるもののほか，ResearchGate（リサーチゲート：科学者・研究者向けのSNS）などに登録している研究者に当該論文のリクエストをしてみるなどの手もあります。

　しかし一方で，紙媒体の文献も多く存在するのも現実でそういった文献を入手するには，購入に加えて図書館の利用が欠かせません。図書館の多くは**OPAC**（オンラインの蔵書目録）を持ち，身近な図書館に目的の文献があるかどうかやどこにその文献があるか，見つけ出すことができますので，収集範囲を物理的に拡げることも可能です。

　入手した数多くの文献を通じて，さまざまな研究者の知見を得られることで自らの関心や疑問がより明確になると同時に，自身が気付かなかった問題など新たな関心や疑問・発見が生まれていきます。加えて文献内に掲載されたデー

タ，脚注，参考文献リストによって，元データの所在や関係文献の拡充も行えます。こうした文献収集とリスト化を通じて，関心テーマはより明確化していくことになります。

（1）ブラウザからの大学図書館OPAC検索

http://ready.to/search/list/cs_opac_univ.htm

（2）日本図書館協会―図書館リンク集

https://www.jla.or.jp/link/tabid/95/Default.aspx

（3）WebcatPlus

全国の大学図書館を横断検索します。

http://webcatplus.nii.ac.jp/

（4）その他のWebサイト情報源（記事検索は有料）

① 新聞記事

・「**毎索**」毎日新聞

http://mainichi.jp/contents/edu/maisaku/login.html

毎日新聞と週刊エコノミスト等を収録したデータベースです。

・「**聞蔵Ⅱビジュアル**」朝日新聞

http://database.asahi.com/index.shtml

朝日新聞が提供する，1879年の創刊号から現代までのすべての新聞記事を検索できるオンラインデータベースです。

・「**ヨミダス**」読売新聞

https://database.yomiuri.co.jp/

読売新聞の明治から令和までの記事を，インターネットで検索，閲覧できる有料サービスです。

・「**日経テレコン**」日本経済新聞社

http://telecom.nikkei.co.jp/

日経新聞社発行各紙，専門紙，雑誌，ニュースレターの記事や，主要企業の基本情報，財務情報，人事情報などが検索できます。

② 雑　　誌

・「雑誌記事索引集成データベース」

https://zassaku-plus.com/

　明治初期から現在までの日本（旧植民地なども対象）で発行された日本語の雑誌記事が検索できます。

　その他多くの有料検索サービスがありますが，多くの場合有料です。大学や公共の図書館等でサービスを利用可能の場合もありますので，よく調べて利用してください。

4　ローデータの活用

　収集した文献の中には，多くのデータが掲載されています。用いられているデータは，文献執筆者自身が現地調査やアンケート調査といった手法を通じて，直接得たデータ（一次データ）と，公的機関が発表している統計資料から間接的に得たデータ（二次データ）とがあります。

　一次データであるにせよ，**二次データ**にせよ文献に掲載されているデータは掲載段階で整理や一部抽出，分析といったデータ加工が行われています。こうした加工が施される前のデータを**ローデータ**（生データ）と言いますが，最近では学術的論文ではその文献を基礎付けるのに不可欠なローデータの提出が求められており，掲載データの出所が明示されていますので，そこから加工前のデータを見つけることも可能となっています。

　二次データに関しては公開されているものであれば，比較的容易に見つけることが出来ますし，一次データについても徐々にですが，環境が整えられてきています。

　以下に二次データの情報源および一次データの情報源を例示しますので，アクセスをし，興味のあるデータがあれば利用してみてください。

（1）一次データ情報源

　データアーカイブは，統計調査，社会調査の個票データ（個々の調査票の記入内容。マイクロデータ）を収集・保管し，その散逸を防ぐとともに，学術目的で

の二次的な利用のために提供する機関です。当該HPには日本で一次データを公開するデータバンク・アーカイブのリンクもあります。

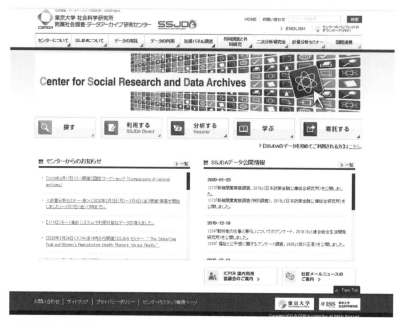

東京大学社会科学研究所 附属社会調査・データアーカイブ調査センター
https://csrda.iss.u-tokyo.ac.jp/ （参照：2020年2月）

（2）二次データ情報源

① 「e-Stat　政府統計の総合窓口」

https://www.e-stat.go.jp/

　e-Statは，日本の統計が閲覧できる政府統計ポータルサイトです。通常の調査結果の提供に加え，公益性のある学術研究等に活用を目的とした，委託を受けて新たな集計表を作成して提供するサービス（オーダーメード集計）や，調査対象の秘密の保護を図った上で，集計していない個票形式のデータ（調査票情報及び匿名データ）を提供するサービスも行っています。

② 総務省統計局

https://www.stat.go.jp/

・「なるほど統計学園」

https://www.stat.go.jp/naruhodo/index.html

・リンク集

https://www.stat.go.jp/naruhodo/link.html#main

③　厚生労働省　各種統計調査

https://www.mhlw.go.jp/toukei_hakusho/toukei/index.html

④　World Bank

https://data.worldbank.org/country/angola?view=chart

参考文献

・佐藤博樹・石田浩・池田謙一編，『社会調査の公開データ　2次分析への招待』，東京大学出版会，2000年12月。

・なるほど統計学園高等部

https://www.stat.go.jp/koukou/

第II部
理　論　編

　　第II部の目的は，統計学ではどうしてそのように考え，どうしてそのようなことができるのか，理論的なことを理解することです。

　　高校までで学んだ数学を利用して，統計学をきちんと理解し，何ができるのかを知るために必要な，確率や確率変数，確率分布について，具体的に考えてみましょう。

9 | 集合・場合の数・和の記号Σについての基本事項

9では確率，確率変数に入る前に，集合・場合の数・和の記号Σについて，基本事項を確認しておきます。

9.1 集　　合

(1) 集　　合

範囲がはっきりしたものの集まりを**集合**といいます。集合を構成している1つ1つのものを**要素**といいます。

(2) 集合の表し方

例えば10以下の正の偶数の集合をAとすると，次のように要素をすべて書き表す方法と，要素の持つ性質を表す方法があります。

$$A=\{2,4,6,8,10\}$$
$$A=\{x \mid 1 \leqq x \leqq 10,\ x は偶数\}$$

(3) 集合の要素の個数

要素の個数が有限である集合を**有限集合**といい，有限集合でない集合を**無限集合**といいます。有限集合Aに対してその要素の個数を$n(A)$で表します。

　　例　$A=\{2,4,6,8,10\}$のとき，$n(A)=5$

(4) 部分集合

集合Aのすべての要素が集合Bの要素でもあるとき，「AはBの**部分集合**である」といいます。

　　例　$A=\{1,4,7\}$，$B=\{1,3,4,5,7\}$のとき，AはBの部分集合です。

(5) 空集合

要素を1つも含まない集合を**空集合**といい，記号$\varnothing$で表します。$n(\varnothing)=0$です。

(6) 集合の共通部分と和集合

2つの集合A，Bについて，

AとBの両方に共通に含まれる要素全体の集合を

AとBの**共通部分**といい，$A \cap B$と表します。

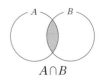

$A \cap B$

AとBの少なくとも一方に含まれる要素全体の

集合をAとBの**和集合**といい，$A \cup B$と表します。

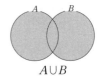

$A \cup B$

A，Bを有限集合とするとき，和集合の要素の個数について，

$$n(A \cup B) = n(A) + n(B) - n(A \cap B)$$

が成り立ちます。

(7) 補集合

1つの集合Uの要素だけについて考えるとき，

Uを**全体集合**といいます。このとき，Uの要素で

あって，Aの要素ではないもの全体の集合をAの

補集合といい，$\overline{A}$で表します。

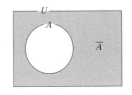

有限集合Uの部分集合Aについて，

$$n(\overline{A}) = n(U) - n(A)$$

が成り立ちます。

(8) ド・モルガンの法則

補集合について，次の**ド・モルガンの法則**が成り立ちます。

$$\overline{A \cup B} = \overline{A} \cap \overline{B}, \quad \overline{A \cap B} = \overline{A} \cup \overline{B}$$

例 1から10までの自然数を全体集合Uとし，その部分集合として，

2で割り切れるものの集合をA，3で割り切れるものの集合をBとすると，

$$n(U)=10, \ n(A)=5, \ n(B)=3$$

また,

$A \cap B$は6で割り切れるものの集合であり,

$$n(A \cap B)=1$$

$A \cup B$は2または3の少なくとも一方で割り切れるものの集合であり,

$$n(A \cup B)=n(A)+n(B)-n(A \cap B)=5+3-1=7$$

$\overline{A \cup B}$は2でも3でも割り切れないものの集合であり,

$$n(\overline{A \cup B})=n(U)-n(A \cup B)=10-7=3$$

となります。

9.2 場合の数

(1) 階　乗

$n!$（nの階乗）は次の式を表します。

$$n! = n(n-1)(n-2) \cdots \cdots 3 \cdot 2 \cdot 1$$

（$0!=1$と定めます）

(2) 順　列 (permutation)

いくつかのものを順序をつけて一列に並べたものを**順列**といいます。

異なるn個のものからr個を取り出して並べた順列の総数を$_n\mathrm{P}_r$で表します。

$$_n\mathrm{P}_r = \underbrace{n(n-1)(n-2)\cdots(n-r+1)}_{r \text{ 個の自然数の積}}$$

です。

階乗を用いて，$_n\mathrm{P}_r = \dfrac{n!}{(n-r)!}$とも書けます。

特に，$_n\mathrm{P}_n = n(n-1)(n-2) \cdots \cdots 3 \cdot 2 \cdot 1 = n!$です。

（ただし$_n\mathrm{P}_0 = 1$と定めます）

　（注）Pはpermutation（順列）の頭文字です。

(3) **組合せ**（combination）

異なる n 個のものから（順序を考えずに）r 個を取り出して 1 組にしたものを n 個のものから r 個を取った**組合せ**といい，その総数を ${}_nC_r$ で表します。

$$_nC_r = \frac{_nP_r}{r!}$$

です。

$_nC_r = \dfrac{n!}{r!(n-r)!}$ とも書けます。

（ただし ${}_nC_0 = 1$ と定めます）

また，

$$\underbrace{_nC_r = {}_nC_{n-r}}_{\text{和が}\,n}$$

が成り立ちます。

（注）C は combination（組合せ）の頭文字です。

例 (1) $1, 2, 3, 4, 5$ の 5 個の整数から異なる 3 個の整数を選び 1 列に並べてできる 3 桁の整数の個数は，${}_5P_3 = 5 \cdot 4 \cdot 3 = \mathbf{60}$（個）

(2) $1, 2, 3, 4, 5$ の 5 個の整数から異なる 3 個の整数を選ぶ選び方は，

$$_5C_3 = \frac{_5P_3}{3!} = \frac{5 \cdot 4 \cdot 3}{3 \cdot 2 \cdot 1} = \mathbf{10} \ (\text{通り})$$

5 個の整数から異なる 3 個の整数を選ぶ選び方は，残りの 2 個の整数を選ぶ選び方に等しいですから，${}_5C_3 = {}_5C_2$ が成り立ちます。

これを用いて，

$$_5C_3 = {}_5C_2 = \frac{_5P_2}{2!} = \frac{5 \cdot 4}{2 \cdot 1} = \mathbf{10} \ (\text{通り})$$

とすることもできます。

9.3　和の記号Σ

(1) 和の記号Σ

数列 $\{a_n\}$ の初項から第 n 項までの和 $a_1+a_2+a_3+\cdots+a_n$ を記号 $\displaystyle\sum_{k=1}^{n}a_k$ で表します。

すなわち,

$$\sum_{k=1}^{n}a_k = a_1+a_2+a_3+\cdots+a_n$$

であり, a_k が k の式で表されるとき, その式に $k=1,2,3,\cdots,n$ と代入して加えたものが $\displaystyle\sum_{k=1}^{n}a_k$ です。

また, $\displaystyle\sum_{k=p}^{n}a_k$ は $k=p, p+1, p+2, \cdots, n$ と代入して加えたものです。

例　$\displaystyle\sum_{k=1}^{4}3^k = 3^1+3^2+3^3+3^4$

$\displaystyle\sum_{k=1}^{5}\frac{1}{k} = \frac{1}{1}+\frac{1}{2}+\frac{1}{3}+\frac{1}{4}+\frac{1}{5}$

$\displaystyle\sum_{k=2}^{8}(2k-1) = 3+5+7+9+11+13+15$

$\displaystyle\sum_{k=1}^{n}c$ （cは定数）のときは,

$$\sum_{k=1}^{n}c = \underbrace{c+c+c+\cdots+c}_{c \text{ が} n \text{ 個}} = nc$$

特に,

$$\sum_{k=1}^{n} = \sum_{k=1}^{n}1 = 1+1+1+\cdots+1 = n$$

です。

例　$\displaystyle\sum_{k=1}^{7}2 = 2+2+2+2+2+2+2 = 14$

$\displaystyle\sum_{k=1}^{6} = 1+1+1+1+1+1 = 6$

（注）Σ（シグマ）はsum（和）の頭文字sに当たるギリシャ文字です。

(2) Σの性質

一般に次が成り立ちます。

$$\sum_{k=1}^{n}(a_k + b_k) = \sum_{k=1}^{n}a_k + \sum_{k=1}^{n}b_k \qquad \sum_{k=1}^{n}(a_k - b_k) = \sum_{k=1}^{n}a_k - \sum_{k=1}^{n}b_k$$

$$\sum_{k=1}^{n}ca_k = c\sum_{k=1}^{n}a_k \quad（\text{c は定数}）$$

例　n個の値$x_1, x_2, x_3, \cdots x_n$からなるデータの平均値を$\overline{x}$ 分散をs_x^{2}とするとき，$\overline{x}$，s_x^{2}はΣを用いて，

$$\overline{x} = \frac{1}{n}(x_1 + x_2 + \cdots + x_n) = \frac{1}{n}\sum_{k=1}^{n}x_k$$

$$s_x^{2} = \frac{1}{n}\left\{(x_1 - \overline{x})^2 + (x_2 - \overline{x})^2 + \cdots + (x_n - \overline{x})^2\right\} = \frac{1}{n}\sum_{k=1}^{n}(x_k - \overline{x})^2$$

と表せます。

これらを用いて，

$$s_x^{2} = \frac{1}{n}\sum_{k=1}^{n}x_k^{2} - (\overline{x})^2$$

が成り立つことを示してみましょう。

$$s_x{}^2 = \frac{1}{n}\sum_{k=1}^{n}(x_k - \overline{x})^2$$

展開して和の形にします

$$= \frac{1}{n}\sum_{k=1}^{n}\left\{x_k{}^2 - 2\overline{x}\,x_k + (\overline{x})^2\right\}$$

$$= \frac{1}{n}\left\{\sum_{k=1}^{n}x_k{}^2 - \sum_{k=1}^{n}2\overline{x}\,x_k + \sum_{k=1}^{n}(\overline{x})^2\right\}$$

定数の$2\overline{x}$と$(\overline{x})^2$をΣの前に出します

$$= \frac{1}{n}\left\{\sum_{k=1}^{n}x_k{}^2 - 2\overline{x}\sum_{k=1}^{n}x_k + (\overline{x})^2\sum_{k=1}^{n}\right\}$$

$$= \frac{1}{n}\left\{\sum_{k=1}^{n}x_k{}^2 - 2\overline{x}\sum_{k=1}^{n}x_k + (\overline{x})^2 \cdot n\right\} \longleftarrow \quad \sum_{k=1}^{n} = n\,\text{です}$$

$$= \frac{1}{n}\sum_{k=1}^{n}x_k{}^2 - 2\overline{x} \cdot \frac{1}{n}\sum_{k=1}^{n}x_k + (\overline{x})^2$$

$$= \frac{1}{n}\sum_{k=1}^{n}x_k{}^2 - 2\overline{x} \cdot \overline{x} + (\overline{x})^2 \qquad \longleftarrow \quad \frac{1}{n}\sum_{k=1}^{n}x_k = \overline{x}\ \text{です}$$

$$= \frac{1}{n}\sum_{k=1}^{n}x_k{}^2 - 2(\overline{x})^2 + (\overline{x})^2$$

$$= \frac{1}{n}\sum_{k=1}^{n}x_k{}^2 - (\overline{x})^2$$

問題9.1

1から9までの9個の整数から異なる4個の整数を選び，一列に並べて4桁の整数を作る。このとき，

(1)　4桁の整数の総数を求めなさい。

(2)　「千の位の数が偶数または一の位の数が偶数」であるものの個数を求めなさい。

(3)　千，百，十，一の位の数をそれぞれa，b，c，dとするとき，$a < b < c < d$を満たすものの個数を求めなさい。

問題9.2

大きさがnの2変量x，yのデータの組

$$(x_1,\ y_1), (x_2,\ y_2), \cdots, (x_n,\ y_n)$$

について，変量xの平均値を$\overline{x}$，変量yの平均値を$\overline{y}$とするとき，共分散s_{xy}は，

$$s_{xy} = \frac{1}{n}\sum_{k=1}^{n}(x_k - \overline{x})(y_k - \overline{y}) \quad （定義）$$

であることに注意して，次が成り立つことを示しなさい。

$$s_{xy} = \frac{1}{n}\sum_{k=1}^{n}x_k y_k - \overline{x}\cdot\overline{y}$$

10 確　　率

10，11では，12の推定と検定を理解するための重要な概念である，確率，確率変数，確率分布を取り上げます。

数値全体の性質を記述する記述統計は手元にあるデータをすべての対象として分析しますが，推測統計は一部のデータからその背後にあるデータ全体を推測します。

例えば日本における，ある商品の保有率を調査するのに100人を無作為に抽出したとして，ある100人では保有率が50％ですが，別の100人では48％，さらにそれらとは別の100人では52％と，標本ごとに値が異なるのが普通です。これらの結果から母集団である日本全体での商品の保有率，すなわち母集団の真の値を推測するのに確率論が用いられます。

10.1 試行と事象

「サイコロを投げる」，「くじを引く」などのように同じ条件のもとで何回も繰り返すことができる実験や観測などを**試行**といいます。また試行の結果として起こる事柄を**事象**といいます。

ある試行において，起こり得る結果全体を集合Uで表すとき，起こり得るすべての事象はUの部分集合で表すことができます。Uで表される事象を**全事象**，Uのただ1つの要素からなる集合で表される事象を**根元事象**といいます。また根元事象を1つも含まないものも事象と考え，これを**空事象**といい，空集合$\emptyset$で表します。

例　1個のサイコロを投げるという試行において，例えば3の目が出ることを数字3で表すとすると，

全事象は，　$U = \{1,2,3,4,5,6\}$

また，5以上の目が出る事象をA，偶数の目が出る事象をBとすると，
$$A = \{5, 6\}, \quad B = \{2, 4, 6\}$$
です。

根元事象は$\{1\}, \{2\}, \{3\}, \{4\}, \{5\}, \{6\}$です。

10.2 確　率

1つの試行において，根元事象のどれが起こることも同じ程度に期待できるとき，これらの根元事象は**同様に確からしい**といいます。

このような試行で全事象をU，ある事象をAとし，それらの要素の個数（それらに属する根元事象の個数）をそれぞれ$n(U)$，$n(A)$とするとき，$\dfrac{n(A)}{n(U)}$を**事象Aの確率**といい$P(A)$で表します。

すなわち，

$$P(A) = \frac{n(A)}{n(U)} = \frac{\text{事象} A \text{の起こる場合の数}}{\text{起こり得るすべての場合の数}}$$

です。

（注）$P(A)$のPはprobability（確率）の頭文字です。

（注）このように定義される確率を**古典的確率**といいます。これに基づき，1個のサイコロを1回投げるとき，1の目が出る確率を求めると$\dfrac{1}{6}$となります。しかしながら，これはあくまで理想化された世界のものであり，現実の問題で「同様に確からしい」ことを確かめるのは困難です。これに対して実際にサイコロを100回，1000回，…と投げて，1の目が出る相対度数$\dfrac{r}{n}$（nは試行因数，rは1の目が出た回数）を求め，nを大きくしていったときのこの相対度数の極限値（限りなく近づいていく値）を1の目が出る確率とする考え方があり，これを**統計的確率**といいます。

【補足】

　　　$0 \leq n(A) \leq n(U)$ ですから，各辺を $n(U)$ で割って，

　　　$0 \leq \dfrac{n(A)}{n(U)} \leq 1$　すなわち　$0 \leq P(A) \leq 1$　です。

また，　$P(U) = \dfrac{n(U)}{n(U)} = 1$，　$P(\varnothing) = \dfrac{0}{n(U)} = 0$

つまり，全事象の確率は 1，空事象の確率は 0 です。

例題10.1　確率

　赤球 3 個，白球 4 個が入った袋から球を 1 個取り出すとき，赤球を取り出す確率を求めなさい。

【解答】

　3 個の赤球に 1，2，3 と番号をつけ区別し，それらを取り出すことをそれぞれ r_1，r_2，r_3 と表します。同様に 4 個の白球に 1，2，3，4 と番号をつけ，それらを取り出すことをそれぞれ w_1，w_2，w_3，w_4 と表すものとします。

　このとき，全事象を U，赤球を取り出す事象を A とすると，

　　　$U = \{r_1, r_2, r_3, w_1, w_2, w_3, w_4\}$

　　　$A = \{r_1, r_2, r_3\}$

ですから，赤球を取り出す確率は，

　　　$P(A) = \dfrac{n(A)}{n(U)} = \dfrac{3}{7}$

です。

10.3 いろいろな事象と確率

2つの事象 A, B に対して,
「事象 A と事象 B がともに起こる」という事象を
A と B の**積事象**といい, $A \cap B$ で表します。

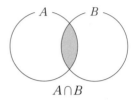

$A \cap B$

「事象 A と事象 B の少なくとも一方が起こる」
という事象を A と B の**和事象**といい, $A \cup B$ で
表します。

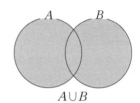

$A \cup B$

また,「2つの事象 A, B が同時には起
こらない」とき, すなわち $A \cap B = \varnothing$ のと
き, 事象 A, B は互いに**排反**, または互い
に**排反事象**であるといいます。

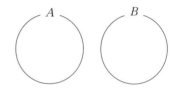

和事象の確率

事象 A, B の和事象 $A \cup B$ の確率について,
事象 A, B が**互いに排反**であるとき,

$$P(A \cup B) = P(A) + P(B)$$

が成り立ちます。これを確率の**加法定理**といいます。

一般の和事象の確率については,

$$P(A \cup B) = P(A) + P(B) - P(A \cap B)$$

が成り立ちます。

余事象の確率

事象Aに対して「Aが起こらない」という事象をAの**余事象**といい，$\overline{A}$で表します。

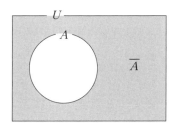

$$P(\overline{A})=1-P(A)$$

が成り立ちます。

例題10.2　和事象の確率

　赤球5個，白球4個が入っている袋から，同時に2個の球を取り出す。このとき，2個の球の色が同色である確率を求めなさい。

【解答】

　赤球5個をr_1, r_2, r_3, r_4, r_5，白球4個をw_1, w_2, w_3, w_4として，9個の球を区別して考えます。

　2個の球の取り出し方は全部で${}_9\mathrm{C}_2=36$（通り）あり，これらは同様に確からしい。

　2個とも赤球である事象をA，2個とも白球である事象をBとすると，求める確率は$P(A\cup B)$です。

　2個とも赤球であるような取り出し方は${}_5\mathrm{C}_2=10$（通り）であり，$P(A)=\dfrac{10}{36}$

　2個とも白球であるような取り出し方は${}_4\mathrm{C}_2=6$（通り）であり，$P(B)=\dfrac{6}{36}$

　事象A, Bは互いに排反ですから，求める確率$P(A\cup B)$は，

$$P(A\cup B)=P(A)+P(B)=\frac{10}{36}+\frac{6}{36}=\frac{4}{9}$$

となります。

例題10.3　余事象の確率

　2個のサイコロを同時に投げるとき，出た目の積が偶数となる確率を求めなさい。

【解答】

2個のサイコロを，サイコロ1，サイコロ2と区別して考えます。

2個のサイコロの目の出方は全部で$6^2=36$（通り）ありこれらは同様に確からしい。

まず，「出た目の積が偶数となる」事象の余事象「出た目の積が奇数となる」事象の確率を求めます。

出た目の積が奇数となるのは2個のサイコロの目がともに奇数の場合であり，

$3^2=9$（通り）

よって，出た目の積が奇数となる確率は$\dfrac{9}{36}$

求める確率は，$1-\dfrac{9}{36}=\dfrac{3}{4}$

10.4 独立な試行

2つの試行が互いに他方の結果に影響を及ぼさないとき，これらの試行は**独立**であるといいます。

2つの独立な試行S，Tを行うとき，Sでは事象Aが起こり，Tでは事象Bが起こるという事象$A\cap B$の確率は，

$$P(A\cap B)=P(A)P(B)$$

です。

例題10.4 独立な試行

1枚の硬貨と1個のサイコロを同時に投げるとき，硬貨は裏が出て，サイコロは5以上の目が出る確率を求めなさい。

【解答】

1枚の硬貨を投げて裏が出る事象をA，1個のサイコロを投げて5以上の目が出る事象をBとすると，求める確率は$P(A\cap B)$です。

右の表より根元事象は$2\times6=12$（通り），事象$A\cap B$が起こる場合は$1\times2=2$

（通り）ですから，

$$P(A\cap B)=\frac{1\times2}{2\times6}=\frac{1}{6}$$

	1	2	3	4	5	6
表						
裏					○	○

この計算は$P(A\cap B)=\frac{1}{2}\times\frac{2}{6}$とも書けるので，

$$P(A\cap B)=P(A)P(B)$$

としても求めることができます。

10.5　反復試行の確率

　同一条件下で独立なある試行を繰り返すとき，その一連の試行を**反復試行**といいます。

　1回の試行で事象Aの起こる確率をpとします。この試行をn回繰り返したとき，Aがちょうどr回起こる確率は，

$$_nC_r p^r(1-p)^{n-r}$$

です。

例題10.5　反復試行の確率

　1個のさいころを3回投げるとき，1の目がちょうど2回出る確率を求めなさい。

【解答】

　サイコロを1回投げるとき，1の目が出る確率は$\frac{1}{6}$，1の目が出ない確率は$1-\frac{1}{6}=\frac{5}{6}$です。

　このとき，1回目，2回目に1の目が出て，3回目は1の目が出ない確率は，

$$\frac{1}{6}\times\frac{1}{6}\times\frac{5}{6}=\left(\frac{1}{6}\right)^2\cdot\frac{5}{6}\quad\cdots（*）$$

です。

1の目が出ることを〇，1の目が出ないことを×で表すとします。

3回中，1の目がちょうど2回，1以外の目が1回出る場合は，右の表のように3通りあり，そのどの場合も確率は（＊）に等しいですから，

求める確率は，

$$3 \cdot \left(\frac{1}{6}\right)^2 \cdot \frac{5}{6} = \frac{5}{72} \quad \cdots ①$$

となります。

3回中，1の目が出る回2回の選び方，すなわち，表中の〇，〇，×の並べ方は ${}_3C_2$（通り）ですから，①の左辺は，

$$_3C_2 \cdot \left(\frac{1}{6}\right)^2 \cdot \frac{5}{6}$$

とも書けます。

1回目	2回目	3回目	確率
〇	〇	×	$\frac{1}{6} \times \frac{1}{6} \times \frac{5}{6}$
〇	×	〇	$\frac{1}{6} \times \frac{5}{6} \times \frac{1}{6}$
×	〇	〇	$\frac{5}{6} \times \frac{1}{6} \times \frac{1}{6}$

10.6 条件付き確率

事象 A が起こったという条件の下で事象 B が起こる確率を，事象 A が起こったときに事象 B が起こる**条件付き確率**といい，$P(B|A)$ で表します。

$$P(B|A) = \frac{P(A \cap B)}{P(A)}$$

です。

またこれより，

$$P(A \cap B) = P(A)P(B|A)$$

が成り立ちます。これを確率の**乗法定理**といいます。

例題10.6　条件付き確率

　　当たりくじ4本を含む10本のくじがある。このくじをA，Bの二人

がこの順に1本ずつ引く。ただし引いたくじは元に戻さない。このとき，

次の確率を求めなさい。

　(1) A，Bがともに当たりくじを引く確率。

　(2) Bが当たりくじをひいたときに，Aも当たりくじを引いている確率。

【解答】

(1) Aが当たりくじを引く確率は $\dfrac{4}{10} = \dfrac{2}{5}$

この条件のもとで，残りのくじは9本，そのうち当たりくじは3本ですから，

　　Bが当たりくじを引く確率は $\dfrac{3}{9} = \dfrac{1}{3}$

　　よって，A，Bがともに当たりくじを引く確率は $\dfrac{2}{5} \cdot \dfrac{1}{3} = \dfrac{2}{15}$

(2) Aが当たりくじを引く事象を A，Bが当たりくじを引く事象を B とすると，

求める確率は，条件付き確率 $P(A|B)$ です。

　　(1)よりA，Bがともに当たりくじを引く確率は $P(A \cap B) = \dfrac{2}{15}$

また，Aが当たりくじを引かず，Bが当たりくじを引く確率は $\dfrac{6}{10} \cdot \dfrac{4}{9} = \dfrac{4}{15}$

　よって，Bが当たりくじを引く確率は，

$$P(B) = \frac{2}{15} + \frac{4}{15} = \frac{2}{5}$$

　　求める確率は $P(A|B) = \dfrac{P(A \cap B)}{P(B)} = \dfrac{\dfrac{2}{15}}{\dfrac{2}{5}} = \dfrac{1}{3}$

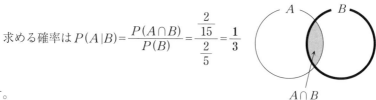

です。

（注）条件付き確率 $P(A|B)=\dfrac{1}{3}$ は右図の

太線の長方形の面積 $\left(\dfrac{2}{5}\right)$ に占める

色がついた長方形の面積 $\left(\dfrac{2}{15}\right)$ の割合です。

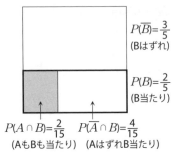

$P(\overline{B})=\dfrac{3}{5}$
(Bはずれ)

$P(B)=\dfrac{2}{5}$
(B当たり)

$P(A\cap B)=\dfrac{2}{15}$ $P(\overline{A}\cap B)=\dfrac{4}{15}$
(AもBも当たり)   (AはずれB当たり)

10.7 事象の独立と従属

事象 A と事象 B が**独立**であるとは，

$$P(A\cap B)=P(A)P(B) \quad \cdots（*）$$

が成り立つことです。

（*）が成り立つとき，

$$P(B|A)=\frac{P(A\cap B)}{P(A)}=\frac{P(A)P(B)}{P(A)}=P(B)$$

が成り立ちます。つまり事象 A が起こることが，事象 B の起こる確率に何の影響も与えないということです。

同様に，$P(A|B)=P(A)$ も成り立ちます。

２つの事象が独立でないとき，これらは**従属**であるといいます。

例題10.7　事象の独立と従属

　　1から10までの数字が1つずつ書かれた10枚のカードがある。これ
から1枚のカードを取り出すとき，次の事象A，Bは独立であるか従属
であるかを答えなさい。

（1）A：奇数が書かれたカードを取り出す。

　　　B：3の倍数が書かれたカードを取り出す。

（2）A：5以上の数字が書かれたカードを取り出す。

　　　B：偶数が書かれたカードを取り出す。

【解答】

（1）$P(A) = \dfrac{5}{10} = \dfrac{1}{2}$，　$P(B) = \dfrac{3}{10}$ より，　$P(A)P(B) = \dfrac{1}{2} \cdot \dfrac{3}{10} = \dfrac{3}{20}$

$A \cap B$ は奇数の3の倍数 $\{3, 9\}$ が書かれたカードを取り出す事象であり，

確率は $P(A \cap B) = \dfrac{2}{10} = \dfrac{1}{5}$

よって，　$P(A \cap B) \neq P(A)P(B)$ であり，事象A，Bは**従属**である。

（2）$P(A) = \dfrac{6}{10} = \dfrac{3}{5}$，　$P(B) = \dfrac{5}{10} = \dfrac{1}{2}$ より，　$P(A)P(B) = \dfrac{3}{5} \cdot \dfrac{1}{2} = \dfrac{3}{10}$

$A \cap B$ は5以上の偶数 $\{6, 8, 10\}$ が書かれたカードを取り出す事象であり，
確率は $P(A \cap B) = \dfrac{3}{10}$

よって，　$P(A \cap B) = P(A)P(B)$ であり，事象A，Bは**独立**である。

問題10.1

1個のサイコロを4回投げて，1回ごとに次のように点数をつけます。

1の目が出たら2点，2または3の目が出たら1点，4または5の目が出たら−1点、6の目が出たら−2点。

最初の持ち点は0点とし，4回の得点の合計をSとします。このとき，

(1) $S = 6$となる確率を求めなさい。

(2) $S = 0$となる確率を求めなさい。

問題10.2

M社では，ある製品を製造するのに使用する同じ部品を，4つの会社A，B，C，Dがから納入しています。A社の製品には2%，B社の製品には1%，C社の製品には3%，D社の製品には2%の不良品がそれぞれ含まれています。A社の製品250個とB社の製品300個とC社の製品100個とD社の製品350個を混ぜた中から1個を選び出します。

(1) 選び出された製品が不良品である確率を求めなさい。

(2) 選び出された製品が不良品であったときに，それがC社の製品である確率を求めなさい。

11 確率変数と確率分布

11.1 確 率 変 数

　2個の硬貨を同時に投げる試行で表が出る枚数をXとすると，Xは2枚の硬貨を投げてみて初めて値が確定します。このように試行の結果によって値が定まる変数を**確率変数**といいます。

　確率変数には，硬貨の枚数やサイコロの目のようにとびとびの値をとる**離散型確率変数**と，身長や体重のように連続した値をとる**連続型確率変数**があります。

11.2 確 率 分 布

　確率変数Xのとりうる値がx_1, x_2, $\cdots$, x_nであり，それぞれの値をとる確率が，p_1, p_2, $\cdots$, p_nであるとき，

$$p_1 \geqq 0, p_2 \geqq 0, \cdots, p_n \geqq 0$$

$$p_1 + p_2 + \cdots + p_n = 1$$

が成り立ちます。

　確率変数Xのとりうる値とその値をとる確率との対応関係は右の表のように書き表せます。

X	x_1	x_2	$\cdots$	x_n	計
P	p_1	p_2	$\cdots$	p_n	1

　この対応関係をXの**確率分布**または**分布**といい，確率変数Xはこの分布に**従う**といいます。

　またこの表を**確率分布表**といいます。

　確率変数は通常X，Y，Zなどの大文字を用い，「確率変数X」といった形で

表現します。また，確率変数の**実現値**（試行の結果得られた数値）についてはx，y，zと小文字で表すのが通常です。

例題11.1　確率分布

　2個の硬貨を同時に投げる試行で，表が出る枚数をXとする。

Xの確率分布を求めなさい。

【解答】

　確率変数Xが値aをとる確率を$P(X=a)$と表します。

　2枚の硬貨を，硬貨1，硬貨2と区別すると，表裏の出方は，

　　（表,表），（表,裏），（裏,表），（裏,裏）

の4通りですから，Xのとりうる値は0, 1, 2のいずれかであり，

$$P(X=0)=\frac{1}{4}, \quad P(X=1)=\frac{2}{4}, \quad P(X=2)=\frac{1}{4}$$

Xの確率分布は右のようになります。

確率の和が1となることを確認します⟶

X	0	1	2	計
P	$\frac{1}{4}$	$\frac{2}{4}$	$\frac{1}{4}$	1

（参考）確率分布図は右のようになり，長方形の面積の総和は1です。

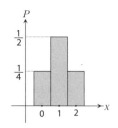

11.3　確率変数の平均

　赤球1個，青玉3個，白球8個入った袋から1個の球を取り出し，それが赤球であれば500円，青玉であれば100円，白球であれば20円の賞金が与えられ

るとします。

　この試行を1回だけ行ったときに得られる賞金の平均は，賞金総額を球の個数の合計で割って，

$$\frac{500 \times 1 + 100 \times 3 + 20 \times 8}{12} = 80 \quad (円)$$

です。

　左辺を変形すると，

$$500 \times \frac{1}{12} + 100 \times \frac{3}{12} + 20 \times \frac{8}{12} = 80 \quad (円)$$

とも書けますが，

$$500 \times \frac{1}{12} + 100 \times \frac{3}{12} + 20 \times \frac{8}{12} \quad は，$$

「賞金」と「その賞金が与えられる確率」の積の和になっています。

　一般に，

　確率変数 X が右の表で示された分布に

従うとします。

　このとき，

X	x_1　x_2　$\cdots\cdots$　x_n	計
P	p_1　p_2　$\cdots\cdots$　p_n	1

　「X のとりうる値」と「その値をとる確率」の積の和

$$x_1 p_1 + x_2 p_2 + \cdots + x_n p_n$$

を確率変数 X の**平均**または**期待値**といい $E(X)$ で表します。

　すなわち，

$$E(X) = \sum_{k=1}^{n} x_k p_k = x_1 p_1 + x_2 p_2 + \cdots + x_n p_n$$

です。

　(注) $E(X)$ の E は expectation (期待値) の頭文字です。

113

1個のサイコロを1回投げるとき，出た目の数をXとする。Xの平均を求めなさい。

【解答】

Xのとりうる値は$1, 2, 3, 4, 5, 6$のいずれかであり，Xの確率分布は次のようになります。

X	1	2	3	4	5	6	計
P	$\dfrac{1}{6}$	$\dfrac{1}{6}$	$\dfrac{1}{6}$	$\dfrac{1}{6}$	$\dfrac{1}{6}$	$\dfrac{1}{6}$	1

Xの平均$E(X)$は，

$$E(X)=1\cdot\frac{1}{6}+2\cdot\frac{1}{6}+3\cdot\frac{1}{6}+4\cdot\frac{1}{6}+5\cdot\frac{1}{6}+6\cdot\frac{1}{6}=\frac{21}{6}=\frac{7}{2}$$

です。

（参考） 確率分布図は右のようになり，
長方形の面積の総和は1です。

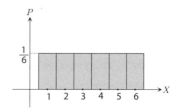

11.4 $aX+b$，X^2の平均

確率変数Xのとりうる値がx_1, x_2のいずれかであり，それぞれの値をとる確率が，p_1, p_2, すなわち確率変数Xは右の表で示された分布に従うとします。

X	x_1	x_2	計
P	p_1	p_2	1

このとき，$3X$，$X-2$，$5X+7$やX^2なども確率変数です。

確率変数$5X+7$，X^2について考えてみましょう。

まず確率変数Xの平均は$E(X)=x_1p_1+x_2p_2$です。

$5X+7$の確率分布は右のようになります。

$5X+7$の平均$E(5X+7)$は，

X	x_1	x_2	計
$5X+7$	$5x_1+7$	$5x_2+7$	
P	p_1	p_2	1

$$E(5X+7) = (5x_1 + 7)p_1 + (5x_2 + 7)p_2$$
$$= 5x_1 p_1 + 7p_1 + 5x_2 p_2 + 7p_2$$
$$= 5(x_1 p_1 + x_2 p_2) + 7(p_1 + p_2)$$
$$= 5E(X) + 7 \quad (\, p_1 + p_2 = 1 \text{より}\,)$$

一般に，

確率変数$aX+b(a,b$は定数$)$の平均$E(aX+b)$について

$$E(aX+b) = aE(X) + b$$

が成り立ちます。

またX²の確率分布は右のようになり，

X	x_1	x_2	計
X^2	x_1^2	x_2^2	
P	p_1	p_2	1

X^2の平均は，

$$E(X^2) = x_1^2 p_1 + x_2^2 p_2$$

一般に，確率変数Xが右の表で示された分布に従うとき，X^2の平均は次のようになります。

X	x_1	x_2	$\cdots\cdots$	x_n	計
P	p_1	p_2	$\cdots\cdots$	p_n	1

$$E(X^2) = x_1^2 p_1 + x_2^2 p_2 + \cdots + x_n^2 p_n$$

11.5　確率変数の分散

確率変数Xが右の表で示された分布に従うとします。

X	x_1	x_2	$\cdots\cdots$	x_n	計
P	p_1	p_2	$\cdots\cdots$	p_n	1

Xの平均を$\mu = E(X)$とするとき，$X-\mu$を**偏差**といいます。

$$(x_1 - \mu)^2 p_1 + (x_2 - \mu)^2 p_2 + \cdots + (x_n - \mu)^2 p_n$$

を確率変数Xの**分散**といい$V(X)$で表します。すなわち，

$$V(X) = \sum_{k=1}^{n}(x_k - \mu)^2 p_k = (x_1 - \mu)^2 p_1 + (x_2 - \mu)^2 p_2 + \cdots + (x_n - \mu)^2 p_n$$

です。

確率変数Xの分散$V(X)$は偏差の2乗$(X-\mu)^2$の平均ですから，

$$V(X)=E\left((X-\mu)^2\right)$$

とも表せます。

また確率変数Xの分散$V(X)$の正の平方根$\sqrt{V(X)}$をXの標準偏差といい$\sigma(X)$で表します。

すなわち，

$$\sigma(X)=\sqrt{V(X)}$$

です。

（注）$V(X)$のVはvariance（分散）の頭文字。またμ（ミュー）はmean（平均）の頭文字mに当たるギリシャ文字。$\sigma(X)$のσ（シグマ）はstandard deviation（標準偏差）の頭文字sに当たるギリシャ文字です。

例題11.3 確率変数の分散

1と書かれたカードが4枚，2と書かれたカードが3枚，3と書かれたカードが2枚，4と書かれたカードが1枚の計10枚のカードが入っている箱がある。これから無作為に1枚のカードを取り出すとき，取り出したカードに書かれた数字をXとする。

このとき，Xの分散および標準偏差を求めなさい。

【解答】

Xの取りうる値は，$X=1,2,3,4$のいずれかであり，Xの確率分布は右のようになります。

X	1	2	3	4	計
P	$\dfrac{4}{10}$	$\dfrac{3}{10}$	$\dfrac{2}{10}$	$\dfrac{1}{10}$	1

Xの平均は，$E(X)=1\cdot\dfrac{4}{10}+2\cdot\dfrac{3}{10}+3\cdot\dfrac{2}{10}+4\cdot\dfrac{1}{10}=\dfrac{20}{10}=2$

分散は，$V(X)=(1-2)^2\cdot\dfrac{4}{10}+(2-2)^2\cdot\dfrac{3}{10}+(3-2)^2\cdot\dfrac{2}{10}+(4-2)^2\cdot\dfrac{1}{10}=\dfrac{10}{10}=1$

標準偏差は，$\sigma(X)=1$

です。

11.6 $V(X) = E(X^2) - \{E(X)\}^2$

確率変数 X は右の表で示された分布に従うとします。

このとき，X の平均を μ とすると，

X の分散 $V(X)$ は，

X	x_1 x_2	計
P	p_1 p_2	1

$$V(X) = (x_1 - \mu)^2 p_1 + (x_2 - \mu)^2 p_2$$
$$= (x_1{}^2 - 2\mu x_1 + \mu^2)p_1 + (x_2{}^2 - 2\mu x_2 + \mu^2)p_2$$
$$= x_1{}^2 p_1 + x_2{}^2 p_2 - 2\mu(x_1 p_1 + x_2 p_2) + \mu^2(p_1 + p_2)$$

ここで，$x_1{}^2 p_1 + x_2{}^2 p_2 = E(X^2)$，$x_1 p_1 + x_2 p_2 = E(X) = \mu$

また，$p_1 + p_2 = 1$ ですから，

$$V(X) = E(X^2) - 2\mu^2 + \mu^2$$
$$= E(X^2) - \mu^2 = E(X^2) - \{E(X)\}^2$$

これは X の取り得る値が3つ以上の場合も成り立ちます。

つまり，一般に，

$$V(X) = E(X^2) - \{E(X)\}^2$$

すなわち，$(X の分散) = (X^2 の平均) - (X の平均)^2$

です。

【POINT】

　確率変数 X の分散を $V(X)$ とすると，

$$V(X) = \sum_{k=1}^{n}(x_k - \mu)^2 p_k$$
$$= (x_1 - \mu)^2 p_1 + (x_2 - \mu)^2 p_2 + \cdots + (x_n - \mu)^2 p_n$$

すなわち

$$V(X) = E((X - \mu)^2) \quad \text{です。}$$

また，

$$V(X) = E(X^2) - \{E(X)\}^2$$

が成り立ちます。

確率変数 X が右の表で示された分布に従うとします。

X	1	2	3	4	5	計
P	$\frac{2}{10}$	$\frac{3}{10}$	$\frac{1}{10}$	$\frac{3}{10}$	$\frac{1}{10}$	1

このとき，X の分散および標準偏差を求めなさい。

【解答】

X の平均は，$E(X)=1\cdot\dfrac{2}{10}+2\cdot\dfrac{3}{10}+3\cdot\dfrac{1}{10}+4\cdot\dfrac{3}{10}+5\cdot\dfrac{1}{10}=\dfrac{28}{10}=\dfrac{14}{5}$

X の分散について，

定義 $V(X)=E((X-\mu)^2)$ に従って計算すると，

$$V(X)=\left(1-\frac{14}{5}\right)^2\cdot\frac{2}{10}+\left(2-\frac{14}{5}\right)^2\cdot\frac{3}{10}+\left(3-\frac{14}{5}\right)^2\cdot\frac{1}{10}+\left(4-\frac{14}{5}\right)^2\cdot\frac{3}{10}+\left(5-\frac{14}{5}\right)^2\cdot\frac{1}{10}$$

$$=\left(-\frac{9}{5}\right)^2\cdot\frac{2}{10}+\left(-\frac{4}{5}\right)^2\cdot\frac{3}{10}+\left(\frac{1}{5}\right)^2\cdot\frac{1}{10}+\left(\frac{6}{5}\right)^2\cdot\frac{3}{10}+\left(\frac{11}{5}\right)^2\cdot\frac{1}{10}$$

$$=\frac{162}{250}+\frac{48}{250}+\frac{1}{250}+\frac{108}{250}+\frac{121}{250}=\frac{44}{25}$$

これに対して，公式 $V(X)=E(X^2)-\{E(X)\}^2$ を用いると，

$$V(X)=1^2\cdot\frac{2}{10}+2^2\cdot\frac{3}{10}+3^2\cdot\frac{1}{10}+4^2\cdot\frac{3}{10}+5^2\cdot\frac{1}{10}-\left(\frac{14}{5}\right)^2$$

$$=\frac{48}{5}-\frac{196}{25}=\frac{44}{25}$$

と，少し計算の負担が減ります。

X の標準偏差は，$\sigma(X)=\sqrt{\dfrac{44}{25}}=\dfrac{2\sqrt{11}}{5}$ です。

11.7 $aX+b$ の分散

確率変数 X の平均を μ とすると，X の分散は $V(X)=E((X-\mu)^2)$ です。

確率変数 $aX+b$（a,b は定数）を考えると，

平均 $E(aX+b)$ は，

$$E(aX+b)=aE(X)+b=\underline{a\mu+b}$$

ですから，分散 $V(aX+b)$ は，

$$V(aX+b)=E((aX+b-\underbrace{(a\mu+b)}_{\text{平均}})^2)$$

$$=E((aX-a\mu)^2)$$

$$=E((a(X-\mu))^2)$$

$$=E(\underbrace{a^2}_{\text{定数}}(X-\mu)^2)$$

$$=a^2E((X-\mu)^2)$$

$$=a^2V(X)$$

よって，確率変数 $aX+b$（a,b は定数）の分散 $V(aX+b)$ について，

$$V(aX+b)=a^2V(X)$$

が成り立ちます。

【POINT】

　確率変数 X の平均を $E(X)$，分散を $V(X)$ とするとき，

確率変数 $aX+b$（a,b は定数）の

　　　　　　平均は，$E(aX+b)=aE(X)+b$

　　　　　　分散は，$V(aX+b)=a^2V(X)$

例題11.5　確率変数 $aX+b$ の平均，分散

　確率変数 X が右の表で示された分布に
従うとします。

X	1	2	3	4	計
P	$\frac{1}{4}$	$\frac{1}{4}$	$\frac{1}{4}$	$\frac{1}{4}$	1

$Y=2X-3$ とおくとき，Y の平均および分散を求めなさい。

【解答】

確率変数Xについて,

平均は, $E(X) = 1 \cdot \dfrac{1}{4} + 2 \cdot \dfrac{1}{4} + 3 \cdot \dfrac{1}{4} + 4 \cdot \dfrac{1}{4} = \dfrac{5}{2}$

分散は, $V(X) = E(X^2) - \{E(X)\}^2$

$$= 1^2 \cdot \dfrac{1}{4} + 2^2 \cdot \dfrac{1}{4} + 3^2 \cdot \dfrac{1}{4} + 4^2 \cdot \dfrac{1}{4} - \left(\dfrac{5}{2}\right)^2 = \dfrac{30}{4} - \dfrac{25}{4} = \dfrac{5}{4}$$

よって, 確率変数Yについて,

平均は, $E(Y) = E(2X - 3) = 2E(X) - 3 = 2 \cdot \dfrac{5}{2} - 3 = \mathbf{2}$

分散は, $V(Y) = V(2X - 3) = 2^2\, V(X) = 4 \cdot \dfrac{5}{4} = \mathbf{5}$

11.8 確率変数の和の平均

X, Yが確率変数のとき, 和$X + Y$も確率変数です。

$X = a$かつ$Y = b$である確率を$P(X = a, Y = b)$と表します。

確率変数X, Yはそれぞれ右の表で示
された分布に従うとします。

X	x_1	x_2	計
P	p_1	p_2	1

このとき,

$E(X) = x_1 p_1 + x_2 p_2$ $\cdots$ ①

$E(Y) = y_1 q_1 + y_2 q_2$ $\cdots$ ②

Y	y_1	y_2	計
P	q_1	q_2	1

です。また,

$P(X = x_1, Y = y_1) = r$, $P(X = x_1, Y = y_2) = s$

$P(X = x_2, Y = y_1) = t$, $P(X = x_2, Y = y_2) = u$

とすると, 右のようになります。

(この対応をXとYの**同時確率分布**といいます)

X＼Y	y_1	y_2	計
x_1	r	s	p_1
x_2	t	u	p_2
計	q_1	q_2	1

$X=x_1$ となるのは「$X=x_1$ かつ $Y=y_1$」の場合と「$X=x_1$ かつ $Y=y_2$」の場合がありますから，確率について，

$$P(X=x_1)=P(X=x_1,Y=y_1)+P(X=x_1,Y=y_2)$$

つまり，$p_1=r+s$ です。

同様に，$p_2=t+u$，$q_1=r+t$，$q_2=s+u$ が成り立ちます。

2つの確率変数 X,Y の和 $X+Y$ も確率変数で，例えば $X=x_1$ かつ $Y=y_1$ のとき $X+Y=x_1+y_1$ でその確率は r です。

よって，確率変数 $X+Y$ の平均 $E(X+Y)$ は，

$$\begin{aligned}
E(X+Y)&=(x_1+y_1)r+(x_1+y_2)s+(x_2+y_1)t+(x_2+y_2)u\\
&=\{x_1(r+s)+x_2(t+u)\}+\{y_1(r+t)+y_2(s+u)\}\\
&=(x_1p_1+x_2p_2)+(y_1q_1+y_2q_2)\\
&=E(X)+E(Y) \quad (①，②より)
\end{aligned}$$

一般に，2つの確率変数の X,Y の和 $X+Y$ の平均について，

$$E(X+Y)=E(X)+E(Y)$$

すなわち，

$$（和の平均）＝（平均の和）$$

が成り立ちます。

例題11.6 $E(X+Y)=E(X)+E(Y)$

　　2個のサイコロを同時に投げるとき，それぞれのサイコロの出た目を X,Y とします。このとき，出た目の和 $X+Y$ の平均を求めなさい。

【解答】

　$X+Y$ のとりうる値は，

　$X+Y=2,3,\cdots,12$ の11通りです。

2個のサイコロの目の出方は全部で $6^2=36$（通り）。

　例えば，$X+Y=7$ となる場合は，

　$(X,Y)=(1,6),(2,5),(3,4),(4,3),(5,2),(6,1)$ の6通りですから

$X+Y=7$ となる確率は $\dfrac{6}{36}$

　というようにして，$X+Y$ の確率分布を求めて平均を計算すればいいのですが，少し手間がかかります。

　これに対して $E(X+Y)=E(X)+E(Y)$ を用いて平均 $E(X+Y)$ を計算してみると，例題11.2より，$E(X)=\dfrac{7}{2}$，つまり，$E(X)=E(Y)=\dfrac{7}{2}$ ですから，

$$E(X+Y)=E(X)+E(Y)$$

$$=\frac{7}{2}+\frac{7}{2}$$

$$=7$$

と，簡単に計算できます。

11.9　確率変数の独立

　2つの確率変数の X,Y があって，X のとりうる任意の値 a と Y のとりうる任意の値 b について，

$$P(X=a,Y=b)=P(X=a)P(Y=b)$$

が成り立つとき，確率変数 X,Y は互いに**独立**であるといいます。

　10.7より $P(X=a,Y=b)=P(X=a)P(Y=b)$ とは，「事象 $X=a$ と事象 $Y=b$ が独立」ということですから，確率変数 X,Y は互いに独立とは，X のとりうる任意の値 a と Y のとりうる任意の値 b について，「事象 $X=a$ と事象 $Y=b$ が独立」になるということです。

11.10 独立な確率の積の平均，和の分散

確率変数 X, Y はそれぞれ右の表で示
された分布に従うとします。

X	x_1	x_2	計
P	p_1	p_2	1

確率変数 X, Y が互いに独立であるとき，
例えば $X = x_1$ かつ $Y = y_1$ となる確率を考えると，

$$P(X = x_1, Y = y_1) = P(X = x_1)P(Y = y_1)$$
$$= p_1 q_1$$

Y	y_1	y_2	計
P	q_1	q_2	1

が成り立ちますので，

X と Y の同時確率分布は右のようになります。

X ＼ Y	y_1	y_2	計
x_1	$p_1 q_1$	$p_1 q_2$	p_1
x_2	$p_2 q_1$	$p_2 q_2$	p_2
計	q_1	q_2	1

このとき，X と Y の積 XY の平均 $E(XY)$ は，

$$E(XY) = x_1 y_1 p_1 q_1 + x_1 y_2 p_1 q_2 + x_2 y_1 p_2 q_1 + x_2 y_2 p_2 q_2$$
$$= x_1 p_1 (y_1 q_1 + y_2 q_2) + x_2 p_2 (y_1 q_1 + y_2 q_2)$$
$$= (x_1 p_1 + x_2 p_2)(y_1 q_1 + y_2 q_2)$$
$$= E(X)E(Y)$$

一般に，確率変数 X, Y が互いに独立であるとき，積 XY の平均について，

$$E(XY) = E(X)E(Y)$$

が成り立ちます。

また，X, Y の分散は，

$$V(X) = E(X^2) - \{E(X)\}^2, \quad V(Y) = E(Y^2) - \{E(Y)\}^2$$

でした。

X と Y の和 $X + Y$ の分散 $V(X + Y)$ は，

$$V(X + Y) = E((X + Y)^2) - \{E(X + Y)\}^2 \quad \cdots ①$$

ですが，

$$E((X+Y)^2) = E(X^2 + 2XY + Y^2)$$
$$= E(X^2) + E(2XY) + E(Y^2)$$
$$= E(X^2) + 2E(XY) + E(Y^2)$$
$$= E(X^2) + 2E(X)E(Y) + E(Y^2)$$

また，$\{E(X+Y)\}^2 = \{E(X) + E(Y)\}^2$
$$= \{E(X)\}^2 + 2E(X)E(Y) + \{E(Y)\}^2$$

ですから，①より，
$$V(X+Y) = E(X^2) + 2E(X)E(Y) + E(Y^2) - [\{E(X)\}^2 + 2E(X)E(Y) + \{E(Y)\}^2]$$
$$= E(X^2) - \{E(X)\}^2 + E(Y^2) - \{E(Y)\}^2$$
$$= V(X) + V(Y)$$

一般に，確率変数 X, Y が互いに独立であるとき，和 $X+Y$ の分散について，
$$V(X+Y) = V(X) + V(Y)$$

が成り立ちます。

【POINT】

確率変数 X, Y が互いに<u>独立</u>であるとき
$$E(XY) = E(X)E(Y)$$
$$V(X+Y) = V(X) + V(Y)$$

（注）$E(X+Y) = E(X) + E(Y)$ は独立でなくても成り立ちます。

例題11.7 独立な確率の積の平均，和の分散

　袋Aには赤球4個と青球2個，袋Bには白球3個と黒球3個が入っている。袋Aから同時に球を2個取り出したときの赤球の個数を X，袋Bから同時に球を2個取り出したときの白球の個数を Y とするとき，

（1）XY の平均を求めなさい。

（2）$X+Y$ の平均と分散を求めなさい。

【解答】

袋Aから同時に球を2個を取り出す取り出し方は，全部で$_6C_2 = 15$（通り）

このうち，

赤球0個，青球2個であるような取り出し方は，$_2C_2 = 1$（通り）

赤球1個，青球1個であるような取り出し方は，$_4C_1 \times _2C_1 = 8$（通り）

赤球2個であるような取り出し方は，$_4C_2 = 6$（通り）

よって，$P(X=0) = \dfrac{1}{15}$，$P(X=1) = \dfrac{8}{15}$，$P(X=2) = \dfrac{6}{15}$

袋Bから同時に2個の球を取り出す場合も同様にして，確率変数 X, Y の分布を求めるとそれぞれ次のようになります。

X	0	1	2	計
P	$\dfrac{1}{15}$	$\dfrac{8}{15}$	$\dfrac{6}{15}$	1

Y	0	1	2	計
P	$\dfrac{3}{15}$	$\dfrac{9}{15}$	$\dfrac{3}{15}$	1

X, Y の平均および分散は，

$$E(X) = 0 \cdot \dfrac{1}{15} + 1 \cdot \dfrac{8}{15} + 2 \cdot \dfrac{6}{15} = \dfrac{4}{3}, \quad V(X) = 0^2 \cdot \dfrac{1}{15} + 1^2 \cdot \dfrac{8}{15} + 2^2 \cdot \dfrac{6}{15} - \left(\dfrac{4}{3}\right)^2 = \dfrac{16}{45}$$

$$E(Y) = 0 \cdot \dfrac{3}{15} + 1 \cdot \dfrac{9}{15} + 2 \cdot \dfrac{3}{15} = 1, \quad V(Y) = 0^2 \cdot \dfrac{3}{15} + 1^2 \cdot \dfrac{9}{15} + 2^2 \cdot \dfrac{3}{15} - 1^2 = \dfrac{2}{5}$$

（1）確率変数 X, Y は互いに独立ですから，

$$E(XY) = E(X)E(Y) = \dfrac{4}{3} \cdot 1 = \dfrac{4}{3}$$

（2）$X+Y$ の平均は，

$$E(X+Y) = E(X) + E(Y) = \dfrac{4}{3} + 1 = \dfrac{7}{3}$$

また，確率変数 X, Y は互いに独立ですから，$X+Y$ の分散は，

$$V(X+Y) = V(X) + V(Y) = \dfrac{16}{45} + \dfrac{2}{5} = \dfrac{34}{45}$$

11.11 二項分布

例題10.5で考えたように1個のサイコロを3回投げるとき，1の目がちょうど2回出る確率は，

$$_3C_2 \cdot \left(\frac{1}{6}\right)^2 \cdot \frac{5}{6} = \frac{15}{216} = \frac{5}{72}$$

です。

一般に，1回の試行で事象Aの起こる確率がpであるとき，この試行をn回行う反復試行において，Aがr回起こる確率$P(X=r)$は，

$$P(X=r) = {}_nC_r p^r (1-p)^{n-r} \quad (r=0,1,2,\cdots,n)$$

です。

このような反復試行において，Aの起こる回数をXとすると，確率変数Xの確率分布は次のようになります。

X	0	1	2	$\cdots$	n	計
P	$_nC_0 (1-p)^n$	$_nC_1 p(1-p)^{n-1}$	$_nC_2 p^2 (1-p)^{n-2}$	$\cdots$	$_nC_n p^n$	1

この確率分布を**二項分布**といい$B(n,p)$で表します。（ただし$0<p<1$）

（注）$B(n,p)$のBは binomial distribution（二項分布）の頭文字です。

例題11.8　二項分布

1個のサイコロを3回投げるとき，1の目が出る回数をXとする。
Xの確率分布を求めなさい。

【解答】

Xの取り得る値は$X=0,1,2,3$であり，

$X=r$となる確率は，

$$P(X=r) = {}_3C_r \left(\frac{1}{6}\right)^r \left(\frac{5}{6}\right)^{3-r} \quad (r=0,1,2,3)$$

となります。

よってXの確率分布は次のようになります。

X	0	1	2	3	計
P	$\dfrac{125}{216}$	$\dfrac{75}{216}$	$\dfrac{15}{216}$	$\dfrac{1}{216}$	1

確率変数Xは二項分布$B\left(3,\dfrac{1}{6}\right)$に従います。

試行回数　サイコロを1回投げて1の
　　　　　目が出る確率

11.12　二項分布の平均と分散

1回の試行で事象Aの起こる確率がpである試行を3回繰り返すことを考えます。

第i回目の試行で事象Aが起これば1，起こらなければ0の値をとる確率変数をX_i $(i=1,2,3)$ とすると，

第1回目，2回目，3回目の試行で事象Aの起こる確率はすべてpですから，
X_1, X_2, X_3の確率分布は右のようになります。

このとき，

X_1	0	1	計
P	$1-p$	p	1

X_2	0	1	計
P	$1-p$	p	1

X_3	0	1	計
P	$1-p$	p	1

$$E(X_1)=0\cdot(1-p)+1\cdot p=p$$
$$E(X_1{}^2)=0^2\cdot(1-p)+1^2\cdot p=p$$

より，

$$V(X_1)=E(X_1{}^2)-\{E(X_1)\}^2=p-p^2=p(1-p)$$

同様に，

$$E(X_2)=E(X_3)=p,\ V(X_2)=V(X_3)=p(1-p)$$

です。

3回の反復試行で事象Aの起こる回数は，

$$X=X_1+X_2+X_3$$

ですから，Xの平均は，

$$E(X) = E(X_1 + X_2 + X_3)$$
$$= E(X_1) + E(X_2) + E(X_3)$$
$$= p + p + p = 3p$$

また，確率変数 X_1, X_2, X_3 は互いに独立ですから，X の分散は，

$$V(X) = V(X_1 + X_2 + X_3)$$
$$= V(X_1) + V(X_2) + V(X_3)$$
$$= p(1-p) + p(1-p) + p(1-p) = 3p(1-p)$$

が成り立ちます。

一般に次が成り立ちます。

【POINT】

確率変数 X が**二項分布** $B(n, p)$ に従うとき

X の平均は　$E(X) = np$

X の分散は　$V(X) = np(1-p)$

X の標準偏差は　$\sigma(X) = \sqrt{V(X)} = \sqrt{np(1-p)}$

例題11.9	二項分布の平均と分散

1個の硬貨を100回投げるとき，表が出る回数を X とする。

X の平均および標準偏差を求めなさい。

【解答】

確率変数 X は二項分布 $B\left(100, \dfrac{1}{2}\right)$ に従います。

よって，平均は $E(X) = 100 \cdot \dfrac{1}{2} = \mathbf{50}$

また分散は，$V(X) = 100 \cdot \dfrac{1}{2} \cdot \left(1 - \dfrac{1}{2}\right) = 100 \cdot \dfrac{1}{2} \cdot \dfrac{1}{2} = 25$　ですから，

標準偏差は，$\sigma(X) = \sqrt{25} = \mathbf{5}$

11.13　連続型確率変数と確率密度関数

　長さや重さなどの連続的な値をとる確率変数，すなわち**連続型確率変数**の場合は，確率分布表では確率分布を表現できません。

　そこで，連続確率変数 の確率分布を考える場合には，Xに１つの曲線を対応させ，$a \leqq X \leqq b$となる確率が図の色をつけた部分の面積で表されるようにします。

　このような曲線をXの**分布曲線**といいます。

　Xの分布曲線の方程式を$y = f(x)$とするとき，$f(x)$を確率変数Xの**確率密度関数**といいます。

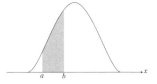

11.14　正規分布

　連続型確率変数の分布の代表的なものに**正規分布**があります。日常の出来事の多くは正規分布をしているとみなされ，優れた性質を持っています。そのため多様な確率分布の中でもその実用性の高さで最も重要な分布として位置づけられています。

　いま確率変数Xが正規分布をするとき，その確率密度関数$f(x)$は，

$$f(x) = \frac{1}{\sqrt{2\pi}\,\sigma}\, e^{-\frac{(x-\mu)^2}{2\sigma^2}}$$

と表されます。

　$f(x)$は平均μと標準偏差σで決定されますので，このとき，

　確率変数Xは**正規分布**$N(\mu, \sigma^2)$に従う

平均 分散

といいます。

また，曲線$y = f(x)$を**正規分布曲線**といいます。

（注）πは円周率で$\pi = 3.14159\cdots$，eは自然対数の底で$e = 2.71828\cdots$。ともに無理数です。

また，$N(\pmb{\mu}, \pmb{\sigma}^2)$の$N$はnormal distribution（正規分布）の頭文字です。正規分布曲線は次のような性質をもちます。

・直線$x = \mu$に関して対称なベルのような形をしています。

・曲線の山は，標準偏差σによって高さが変化し，σが大きくなるほど横に広がり平坦な形になります。

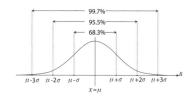

・x軸を漸近線とします。

・平均μ，標準偏差σの値にかかわらず，$\mu \pm \sigma$，$\mu \pm 2\sigma$，$\mu \pm 3\sigma$　といった区間の面積（確率）は一定で，

$\mu - \sigma \le x \le \mu + \sigma$の区間に68％以上の面積が，$\mu - 2\sigma \le x \le \mu + 2\sigma$の範囲には95％以上の面積が入ります。

平均μを中心に

95％を含む範囲　　$\mu - 1.96\sigma \le x \le \mu + 1.96\sigma$，

99％を含む範囲　　$\mu - 2.58\sigma \le x \le \mu + 2.58\sigma$

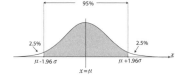 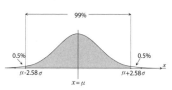

は統計学ではよく利用されます。これらの右側の境界点をそれぞれ**両側5％点**，**両側1％点**と呼びます。

（注）グラフ上の点が原点から遠ざかるにつれて限りなく近づく直線を漸近線といいます。

11.15 標準正規分布

　確率変数Xが正規分布に従うとき，確率変数$aX+b$（a,bは定数）も正規分布に従うことが知られています。

確率変数Xが正規分布$N(\mu,\sigma^2)$に従うとき，

$$Z=\frac{X-\mu}{\sigma}\left(\text{つまり}Z=\frac{1}{\sigma}X-\frac{\mu}{\sigma}\right)\text{とおくと，}$$

Zの平均は，

$$\underbrace{E(Z)=E\left(\frac{1}{\sigma}X-\frac{\mu}{\sigma}\right)=\frac{1}{\sigma}E(X)-\frac{\mu}{\sigma}}_{E(aX+b)=aE(X)+b}=\frac{1}{\sigma}\cdot\mu-\frac{\mu}{\sigma}=0$$

Zの分散は，

$$\underbrace{V(Z)=V\left(\frac{1}{\sigma}X-\frac{\mu}{\sigma}\right)=\left(\frac{1}{\sigma}\right)^2\cdot V(X)}_{V(aX+b)=a^2V(X)}=\frac{1}{\sigma^2}\cdot\sigma^2=1$$

となり，確率変数Zは正規分布$N(0,1)$に従います。

　平均0，標準偏差1（分散も1）の正規分布$N(0,1)$を**標準正規分布**といいます。Zの確率密度関数は11.14の確率密度関数で$\mu=0$，$\sigma=1$とした場合ですから，

$$f(z)=\frac{1}{\sqrt{2\pi}}e^{-\frac{z^2}{2}}$$

です。

　また，$Z=\dfrac{X-\mu}{\sigma}$という変換を**標準化**といいます。

　標準正規分布$N(0,1)$に従う確率変数Zに対して，Zが0以上k以下となる確率$P(0\leqq Z\leqq k)$は右の図の色をつけた部分になりますが，それを表にまとめたものが巻末の標準正規分布表です。

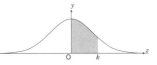

標準正規分布

　ある県の20歳男子の平均身長が172.3 cm，標準偏差5 cmの正規分布に従うとします。

　次の身長の人はおよそ何%いるか求めなさい。

（1）165 cm以上175 cm以下　　　　　（2）180 cm以上

【解答】

　平均172.3，標準偏差5の正規分布，すなわち正規分布に $N(172.3, 5^2)$ 従う確率変数を X とします。

　（1）求めるのは $165 \leq X \leq 175$ となる確率 $P(165 \leq X \leq 175)$ です。

　標準正規分布表を用いるため標準化します。

$$Z = \frac{X - 172.3}{5}$$

とおくと，Z は標準正規分布 $N(0,1)$ に従います。

$$X = 165 \text{のとき，} \ Z = \frac{165 - 172.3}{5} = -1.46$$

$$X = 175 \text{のとき，} \ Z = \frac{175 - 172.3}{5} = 0.54$$

ですから，

$$P(165 \leq X \leq 175) = P(-1.46 \leq Z \leq 0.54)$$

であり，

これは図の右の色をつけた部分の面積です。

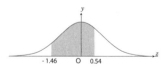

$$P(-1.46 \leq Z \leq 0.54) = P(-1.46 \leq Z \leq 0) + P(0 \leq Z \leq 0.54)$$
$$= P(0 \leq Z \leq 1.46) + P(0 \leq Z \leq 0.54)$$

ここで標準正規分布表より，

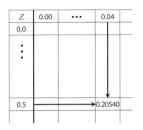

$$P(0 \leqq Z \leqq 1.46) = 0.42785 \qquad P(0 \leqq Z \leqq 0.54) = 0.20540$$

ですから，

$$P(-1.46 \leqq Z \leqq 0.54) = 0.42785 + 0.20540 = 0.63325 \quad より約63\%です。$$

（２）求めるのは$X \geqq 180$となる確率$P(X \geqq 180)$です。

$$X = 180 のとき， Z = \frac{180 - 172.3}{5} = 1.54ですから，$$

$$P(X \geqq 180) = P(Z \geqq 1.54)$$

であり，

これは図の右の色をつけた部分の面積です。

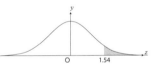

$$P(Z \geqq 1.54) = 0.5 - P(0 \leqq Z \leqq 1.54)$$

ここで標準正規分布より，

$$P(0 \leqq Z \leqq 1.54) = 0.43822$$

ですから，

$$P(Z \geqq 1.54) = 0.5 - 0.43822 = 0.06178$$

より**約6%**です。

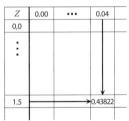

11.16 二項分布と正規分布

11.12で考えたように，二項分布 $B(n,p)$ に従う確率変数 X の平均は $E(X)=np$，分散は $V(X)=np(1-p)$ ですが，

二項分布 $B(n,p)$ に従う確率変数 X は，n が十分大きいときは正規分布 $N(\underset{\underset{\text{平均}}{\uparrow}}{np}, \underset{\underset{\text{分散}}{\uparrow}}{np(1-p)})$ に近似的に従うことが知られています。

したがって，$Z=\dfrac{X-np}{\sqrt{np(1-p)}}$ とおくと，Z は標準正規分布 $N(0,1)$ に近似的に従います。

例題11.11　二項分布の正規分布による近似

1個のサイコロを450回投げるとき，3の倍数の目が出る回数を X とする。$X \leqq 135$ となる確率を求めなさい。

【解答】

サイコロを1回投げたとき，3の倍数の目が出る確率は $\dfrac{1}{3}$

また試行回数は450回ですから，確率変数 X は二項分布 $B\left(450, \dfrac{1}{3}\right)$ に従います。

平均は $E(X)=450 \cdot \dfrac{1}{3}=150$，分散は $V(X)=450 \cdot \dfrac{1}{3} \cdot \left(1-\dfrac{1}{3}\right)=450 \cdot \dfrac{1}{3} \cdot \dfrac{2}{3}=100$，

標準偏差は，$\sigma(X)=\sqrt{100}=10$ です。よって，

$$Z=\frac{X-150}{10}$$

とおくと，Z は標準正規分布 $N(0,1)$ に近似的に従います。

$X=135$ のとき，$Z=\dfrac{135-150}{10}=-1.5$ より，求める確率 $P(X \leqq 135)$ は，

$$P(X \leqq 135)=(Z \leqq -1.5)$$

であり，これは，右の図の色をつけた部分の面積です。

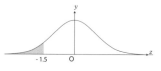

$$P(Z \leqq -1.5) = P(Z \geqq 1.5)$$
$$= 0.5 - P(0 \leqq Z \leqq 1.5)$$

標準正規分布表より,

$$P(0 \leqq Z \leqq 1.5) = 0.43319$$

ですから,求める確率は,

$$0.5 - 0.43319 = \mathbf{0.06681}$$

となります。

Z	0.00	•••		
0.0				
⋮				
1.5	0.43319			

問題11.1

袋Aには白球3個と黒球2個，袋Bには赤球3個と青球3個が入っている。
袋Aから同時に球を3個取り出したときの白球の個数をX，袋Bから同時に球を3個取り出したときの赤球の個数をYとします。

(1) XYの平均を求めなさい。

(2) $X+2Y$の平均と分散を求めなさい。

問題11.2

3枚の硬貨を同時に投げる試行を960回繰り返すとき，表が2枚で裏が1枚となる回数をXとします。

(1) Xの平均$E(X)$と分散$V(X)$を求めなさい。

(2) $E(X)=\mu$とおきます。$X-\mu \geqq 12$となる確率を求めなさい。ただし二項分布を正規分布で近似して計算しなさい。

12 統計的推測：推定と検定

　統計的推測とは，母集団や統計モデルを規定する母数（平均値，分散など）を標本データから推定する**推測統計学**のことをいいます。推定方法には，**点推定**，**区間推定**，**検定**があります。

12.1 標本調査と母集団

　統計調査には，調べたい対象全体をすべて調べる**全数調査**と，対象の一部を抜き出して調べる**標本調査**があります。

　国勢調査などは全数調査です。しかし全数調査は通常多くの時間や費用，労力を要しますし，工業製品などはすべてを破壊して調査するわけにはいきません。このような時は標本調査が用いられます。標本調査の場合，対象とする集団全体を**母集団**といいます。

　母集団から選び出された要素の集合を**標本**といい，標本を選び出すことを**抽出**といいます。

　また，母集団，標本の要素の個数をそれぞれ**母集団の大きさ**（母集団サイズ），**標本の大きさ**（標本サイズ）といいます。

12.2 母集団の平均と分散

　母集団のデータについての平均と分散はそれぞれ**母平均**，**母分散**といいます。

　変量 x についての大きさ N の母集団の平均 μ，分散 σ^2 は次のように定義されます。

$$\mu = \frac{x_1 + x_2 + \cdots + x_N}{N}$$

$$\sigma^2 = \frac{(x_1 - \mu)^2 + (x_2 - \mu)^2 + \cdots + (x_N - \mu)^2}{N}$$

です。

　母集団から1個の要素を無作為に抽出し，その値をXとすると，このXは抽出した要素ごとに値が変化します。すなわち，抽出した要素の値Xは**確率変数**になります。

　確率変数Xには**確率分布**が考えられます。その分布を**母集団分布**といいます。

　母集団分布の平均と分散はそれぞれ母平均と母分散に一致します。

12.3　標本の抽出

　母集団から標本を抽出するのに，いったん抽出したものを元に戻してから抽出を繰り返すことを**復元抽出**。これに対して，元に戻さないで続けて抽出することを**非復元抽出**といいます。

　母集団から大きさnの標本を無作為に抽出し，変量xの値を$X_1, X_2, \cdots, X_n$とします。

　これが復元抽出の場合は反復試行ですから，$X_1, X_2, \cdots, X_n$はそれぞれが母集団分布に従う**互いに独立**な確率変数となります。

　非復元抽出の場合でも，母集団の大きさが標本の大きさnに比べて十分大きい場合は復元抽出との差は小さいですから，近似的に復元抽出による標本とみなして，$X_1, X_2, \cdots, X_n$それぞれが母集団分布に従う**互いに独立**な確率変数と考えることができます。

12.4　標本の平均と分散

　母集団から大きさnの標本を無作為に抽出し，変量xの値を$X_1, X_2, \cdots, X_n$とします。

　このとき，**標本平均$\overline{X}$**，**標本分散s^2**は次のように定義されます。

$$\overline{X} = \frac{X_1 + X_2 + \cdots + X_n}{n}$$

$$s^2 = \frac{(X_1 - \overline{X})^2 + (X_2 - \overline{X})^2 + \cdots + (X_n - \overline{X})^2}{n}$$

12.5 標本平均$\overline{X}$の平均と分散

標本平均$\overline{X}$も確率変数です。

2つの確率変数X, Yについて，

$E(X + Y) = E(X) + E(Y)$ （和の平均は平均の和）

また，確率変数X, Yが独立であるとき，

$V(X + Y) = V(X) + V(Y)$ （和の分散は分散の和）

が成り立ちますが，これは3つ以上の確率変数についても同様に成り立ちます。

このことに注意して，標本平均$\overline{X}$の平均と分散を求めてみましょう。

標本調査を行うのは母集団の大きさが標本の大きさに比べて十分大きい場合ですから，母平均μ，母標準偏差σの母集団から大きさnの標本$X_1, X_2, \cdots, X_n$を無作為に抽出するとき，$X_1, X_2, \cdots, X_n$それぞれが**互いに独立**な確率変数と考えます。

これらの確率変数は母集団と同じ確率分布に従います。

よって，

$$E(X_1) = E(X_2) = \cdots = E(X_n) = \mu$$
$$V(X_1) = V(X_2) = \cdots = V(X_n) = \sigma^2$$

となります。

このとき，

$$E(X_1 + X_2 + \cdots + X_n) = E(X_1) + E(X_2) + \cdots + E(X_n)$$

また，$X_1, X_2, \cdots, X_n$は独立ですから，

$$V(X_1 + X_2 + \cdots + X_n) = V(X_1) + V(X_2) + \cdots + V(X_n)$$

が成り立ちます。

よって，標本平均$\overline{X}$の平均$E(\overline{X})$は，

$$E(\overline{X})=E\left(\frac{X_1+X_2\cdots+X_n}{n}\right)$$

$$=E\left(\frac{1}{n}(X_1+X_2+\cdots+X_n)\right)$$

$$=\frac{1}{n}E(X_1+X_2+\cdots+X_n)$$

$$=\frac{1}{n}\{E(X_1)+E(X_2)+\cdots+E(X_n)\}$$

$$=\frac{1}{n}\cdot n\mu=\mu$$

つまり，

$$（標本平均\overline{X}の平均）＝（母平均）$$

が成り立ちます。

また，標本平均$\overline{X}$の分散$V(\overline{X})$は，

$$V(\overline{X})=V\left(\frac{X_1+X_2+\cdots+X_n}{n}\right)$$

$$=V\left(\frac{1}{n}(X_1+X_2+\cdots+X_n)\right)$$

$$=\frac{1}{n^2}V(X_1+X_2+\cdots+X_n)$$

$$=\frac{1}{n^2}\{V(X_1)+V(X_2)+\cdots+V(X_n)\}$$

$$=\frac{1}{n^2}\cdot n\sigma^2=\frac{\sigma^2}{n}$$

つまり，

$$（標本平均\overline{X}の分散）＝\frac{母分散}{標本の大きさ}$$

が成り立ちます。

よって，標本平均$\overline{X}$の標準偏差$\sigma(\overline{X})$は，

$$\sigma(\overline{X})=\frac{\sigma}{\sqrt{n}}　です。$$

140

12.6 不偏分散

母集団は平均値，中央値，分散などの特定の値により特徴づけられます。このような母集団の分布を特徴づける値を**母数**といいます。

母集団から無作為抽出により得られた標本を用いて，未知の母数を1つの値で推定するのが**点推定**です。

12.5で（標本平均 $\overline{X}$ の平均）＝（母平均）を示しました。

標本平均のように，ある統計量の平均と母数が一致するような統計量をその母数の**不偏推定量**といいます。

標本平均 $\overline{X}$ は母平均 μ の不偏推定量です。

母集団の散らばり度合いを測る推定量である**不偏分散** u^2 とは，次のように定義されるものです。

母集団から大きさ n の標本 $X_1, X_2, \cdots, X_n$ を抽出したときの不偏分散 u^2 は，

$$u^2 = \frac{(X_1 - \overline{X})^2 + (X_2 - \overline{X})^2 + \cdots + (X_n - \overline{X})^2}{n-1}$$

分母が n ではなく $n-1$ であることに注意しましょう。

この不偏分散 u^2 について，$E(u^2) = \sigma^2$ つまり，

$$（不偏分散 u^2 の平均）＝（母分散）$$

が成り立ちます。

標本分散が標本のみを考えた分散なのに対して，不偏分散は標本の属する**母集団について考え**その推定値を表しています。

【参 考】

標本分散 $s^2 = \dfrac{1}{n}\displaystyle\sum_{k=1}^{n}(X_k - \overline{X})^2 = \dfrac{(X_1 - \overline{X})^2 + (X_2 - \overline{X})^2 + \cdots + (X_n - \overline{X})^2}{n}$

の平均 $E(s^2)$ を計算してみます。

$\overline{X} = \dfrac{1}{n}\displaystyle\sum_{k=1}^{n}X_k$ より，$\displaystyle\sum_{k=1}^{n}X_k = n\overline{X}$ ですから，

$$\sum_{k=1}^{n}(X_k - \mu) = \sum_{k=1}^{n}X_k - \mu\sum_{k=1}^{n} = n\overline{X} - n\mu = n(\overline{X} - \mu)$$

また，

$\displaystyle\sum_{k=1}^{n}V(X_k) = n\sigma^2$，$V(\overline{X}) = \dfrac{\sigma^2}{n}$ であることなどに注意しましょう。

$$\begin{aligned}
E(s^2) &= E\left(\frac{1}{n}\sum_{k=1}^{n}(X_k - \overline{X})^2\right)\\
&= \frac{1}{n}E\left(\sum_{k=1}^{n}(X_k - \overline{X})^2\right)\\
&= \frac{1}{n}E\left(\sum_{k=1}^{n}\left\{(X_k - \mu) - (\overline{X} - \mu)\right\}^2\right)\\
&= \frac{1}{n}E\left(\sum_{k=1}^{n}\left\{(X_k - \mu)^2 - 2(\overline{X} - \mu)(X_k - \mu) + (\overline{X} - \mu)^2\right\}\right)\\
&= \frac{1}{n}E\left(\sum_{k=1}^{n}(X_k - \mu)^2 - 2(\overline{X} - \mu)\sum_{k=1}^{n}(X_k - \mu) + (\overline{X} - \mu)^2\sum_{k=1}^{n}\right)\\
&= \frac{1}{n}E\left(\sum_{k=1}^{n}(X_k - \mu)^2 - 2n(\overline{X} - \mu)^2 + n(\overline{X} - \mu)^2\right)\\
&= \frac{1}{n}E\left(\sum_{k=1}^{n}(X_k - \mu)^2 - n(\overline{X} - \mu)^2\right)\\
&= \frac{1}{n}\sum_{k=1}^{n}E(X_k - \mu)^2 - E(\overline{X} - \mu)^2\\
&= \frac{1}{n}\sum_{k=1}^{n}V(X_k) - V(\overline{X})\\
&= \frac{1}{n}\cdot n\sigma^2 - \frac{\sigma^2}{n} = \frac{n-1}{n}\sigma^2
\end{aligned}$$

つまり，$E(s^2) = \dfrac{n-1}{n}\sigma^2$ が成り立ちます。

両辺に $\dfrac{n}{n-1}$ をかけると,

$$E\left(\frac{n}{n-1}s^2\right)=\sigma^2$$

ここで,　$\dfrac{n}{n-1}s^2=\dfrac{(X_1-\overline{X})^2+(X_2-\overline{X})^2+\cdots+(X_n-\overline{X})^2}{n-1}=u^2$　（不偏分散）

ですから,

不偏分散 u^2 について,　$E(u^2)=\sigma^2$ が成り立ちます。

12.7　中心極限定理

母平均 μ, 分散 σ^2 の母集団から大きさ n の標本を無作為抽出しその標本平均を $\overline{X}$ とします。

n の値が十分大きければ $\overline{X}$ の確率分布は平均 μ, 分散 $\dfrac{\sigma^2}{n}$ の正規分布

$N\left(\mu,\dfrac{\sigma^2}{n}\right)$ に近似的に従います。

これを**中心極限定理**といいます。

経験的に n が30程度以上で十分よい近似になることが知られています。もとの母集団が正規分布でしたから,　$\overline{X}$ の分布は標本の大きさにかかわらず正規分布になりますが,　中心極限定理は,　**もとの母集団が正規分布でなくても,**　$n\geqq30$ なら $\overline{X}$ の分布が近似的に正規分布に従うということを主張するもので,　統計学では最も重要な定理の1つです。

12.8 大数の法則

　中心極限定理からわかるように，標本の大きさnを大きくしていくと，標本平均$\overline{X}$の分散$\dfrac{\sigma^2}{n}$は小さくなっていきます。つまり，標本nの大きさが十分大きくなると標本平均$\overline{X}$は限りなく母平均μに近づいていきます。

　これを**大数の法則**といいます。

12.9 母平均の区間推定

　母平均の区間推定とは，ある母集団から無作為に抽出した標本を用いて，母平均がある確率のもとでどのくらいの区間に含まれるか，推定することをいいます。

　母平均をμとするとき，区間$a \leqq \mu \leqq b$（a,bは定数）が成り立つ確率が95％となるような区間を，母平均μに対する**信頼度95％の信頼区間**といいます。

　これを求めてみましょう。

　母平均μ，母標準偏差σをもつ母集団から抽出された大きさnの無作為標本の標本平均$\overline{X}$は，nの値が十分大きいとき，近似的に正規分布$N\left(\mu, \dfrac{\sigma^2}{n}\right)$に従います。

　$\overline{X}$の標準偏差は$\sqrt{\dfrac{\sigma^2}{n}} = \dfrac{\sigma}{\sqrt{n}}$ですから，標準化して$Z = \dfrac{\overline{X} - \mu}{\dfrac{\sigma}{\sqrt{n}}}$とすると，

Zは近似的に標準正規分布$N(0,1)$に従います。

$P(-k \leqq Z \leqq k) = 0.95$，すなわち$Z$が
$-k \leqq Z \leqq k$を満たす確率が95％（$= 0.95$）
となるkを求めます。

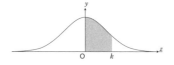

$\dfrac{0.95}{2} = 0.475$ですから，

標準正規分布表を用いると $k=1.96$ とわかります。

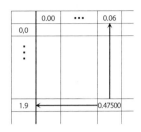

	0.00	･･･	0.06
0,0			
⋮			
1.9			0.47500

よって，　$P(-1.96 \leqq Z \leqq 1.96)=0.95$ です。

次に μ の範囲を求めます。

$-1.96 \leqq Z \leqq 1.96$ に $Z=\dfrac{\overline{X}-\mu}{\dfrac{\sigma}{\sqrt{n}}}$ を代入して，

$$-1.96 \leqq \dfrac{\overline{X}-\mu}{\dfrac{\sigma}{\sqrt{n}}} \leqq 1.96$$

各辺に $\dfrac{\sigma}{\sqrt{n}}(>0)$ をかけて，

$$-1.96 \cdot \dfrac{\sigma}{\sqrt{n}} \leqq \overline{X}-\mu \leqq 1.96 \cdot \dfrac{\sigma}{\sqrt{n}}$$

前半より，$\mu \leqq \overline{X}+1.96 \cdot \dfrac{\sigma}{\sqrt{n}}$，後半より，$\overline{X}-1.96 \cdot \dfrac{\sigma}{\sqrt{n}} \leqq \mu$ ですから，

$$\overline{X}-1.96 \cdot \dfrac{\sigma}{\sqrt{n}} \leqq \mu \leqq \overline{X}+1.96 \cdot \dfrac{\sigma}{\sqrt{n}}$$

これが母平均 μ に対する**信頼度95%の信頼区間**です。

95%の信頼区間の意味は、「母平均μが95%の確率でこの区間に入る」という意味では**ありません**。
さまざまな標本平均$\overline{X}$に対してこのように信頼区間を求めること繰り返せばそのうちの95%が母平均μを含むということです。

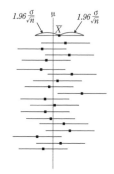

　同様にして，母平均μに対する**信頼度99%の信頼区間**を求めると，

$$\overline{X}-2.58\cdot\frac{\sigma}{\sqrt{n}}\leqq\mu\leqq\overline{X}+2.58\cdot\frac{\sigma}{\sqrt{n}}$$

となります。

例題12.1

　A社で大量生産されているある製品Qから，100個を無作為に抽出して重さを測ったところ，平均値が93.4gでした。製品Qの重さの母標準偏差は1.9gであることが経験的に知られています。A社で生産されている製品Qの重さの平均値μを信頼度95%で区間推定しなさい。

【解答】

標本の大きさは$n=100$，標本平均は$\overline{X}=93.4$，母標準偏差は$\sigma=1.9$

　ですから，$93.4-1.96\cdot\dfrac{1.9}{\sqrt{100}}=93.4-0.3724=93.0276$

　　　　　　$93.4+1.96\cdot\dfrac{1.9}{\sqrt{100}}=93.4+0.3724=93.7724$

　よって，母平均μの信頼度95%の信頼区間は

　　　　　$93.0\leqq\mu\leqq93.8$　（単位はg）

例題12.2

　全国から無作為抽出した2500世帯について，1世帯当たり1か月の消費支出を調べたら，平均値270000円，標準偏差70000円でした。全国の1世帯当たりの消費支出 μ を信頼度95％で区間推定しなさい。

【解答】

　標本の大きさは $n=2500$，標本平均は $\overline{X}=270000$，母標準偏差 σ は未知ですが標本の大きさ n が大きいですから，母標準偏差 σ は標本標準偏差 s にほぼ等しいとすることができます。つまり，$\sigma \fallingdotseq s=70000$ とすることができます。

$$270000 - 1.96 \cdot \frac{70000}{\sqrt{2500}} = 270000 - 2744 = 267256$$

$$270000 + 1.96 \cdot \frac{70000}{\sqrt{2500}} = 270000 + 2744 = 272744$$

　よって，母平均 μ の信頼度95％の信頼区間は

$$267256 \leqq \mu \leqq 272744 \quad （単位は円）$$

12.10　仮説検定

例1

　いま，実際に1つのコインを10回投げてみたら表が9回出たとします。このとき，このコインの表が出る確率 p は $\dfrac{1}{2}$ とみなしてよいでしょうか。

　表が出やすいのではないかということ，すなわち「p が $\dfrac{1}{2}$ より大きいこと」を主張したいとします。（このような検定を**右片側検定**といいます）

　そこで，否定したい仮説を帰無仮説に，主張したい仮説を対立仮説にして，

　　　帰無仮説 H_0：$p=\dfrac{1}{2}$　（このコインの表裏の出る確率は等しい）

対立仮説 H_1：$p > \dfrac{1}{2}$ （このコインは表がでやすい）

とします。

　帰無仮説というのはできるだけ無に帰したい，捨てたい仮説だからです。

　ここで，珍しさの基準を規定する確率，つまりこのようなことが起きるのは稀であるとする確率を定めます。これを**有意水準**といいます。5％としてみましょう。

　帰無仮説に従って，（すなわち表裏が出るがともに $\dfrac{1}{2}$ として）表が出る回数を確率変数 X とし，X の確率分布を考えます。（このような X を**統計検定量**といいます）

　$X \geqq 9$ となる確率 $P(X \geqq 9)$ を求めてみましょう。

$$X=9 \text{ となる確率は } P(X=9) = {}_{10}C_9 \cdot \left(\dfrac{1}{2}\right)^9 \cdot \left(\dfrac{1}{2}\right)^1 = \dfrac{10}{1024}$$

$$X=10 \text{ となる確率は } P(X=10) = {}_{10}C_{10} \cdot \left(\dfrac{1}{2}\right)^{10} = \dfrac{1}{1024}$$

　よって，$P(X \geqq 9) = \dfrac{10}{1024} + \dfrac{1}{1024} = \dfrac{11}{1024} = 0.0107\cdots$ です。（この値を p 値

（P-value）といいます）

　この値 0.0107 は有意水準の5％すなわち 0.05 より小さいので，非常に珍しい事象ということになります。

　これを珍しい事象が起こったと考えるのではなく，帰無仮説が間違っていると判定します。そして対立仮説が真と考えたほうがよいと判断します。

　このように仮説が真であるかどうかを標本として得られたデータに基づいて判定する方法を，**統計的仮説検定**といいます。

　統計的仮説検定の論理は次のようになります。

「帰無仮説 H_0 が正しい（真である）とすると，H_0 のもとではめったに起こらない珍しい現象が起こったことになってしまうので，帰無仮説を棄却する。」

例2

次に母平均の検定問題を考えます。

　A社で生産されている電池の（一定の条件で使用したときの）平均寿命時間は150時間であるとA社は主張していて，分散が 8^2 であることが知られています。

　このメーカーの電池を100個無作為抽出して，その平均寿命時間を測定したら148.6時間でした。

　A社で生産されている電池の平均寿命時間は150時間であるという主張は正当であるか，有意水準5％で両側検定してみましょう。

　母集団はこの電池全体で，その平均寿命時間の母平均を μ とします。
主張したいのは「平均寿命時間が150時間より短いか長い」
（これを**両側検定**といいます）ですから，

　　　　帰無仮説 H_0：$\mu = 150$ （平均寿命時間は150時間である）

　　　　対立仮説 H_1：$\mu \neq 150$ （平均寿命時間は150時間より短いか長い）

とします。

　帰無仮説に従って（すなわち $\mu = 150$ として）平均寿命時間を確率変数 X と

おくと，大きさ100の標本平均 $\overline{X}$ は近似的に正規分布 $N\left(150, \dfrac{8^2}{100}\right)$ に従います。

　$\overline{X}$ の標準偏差は $\sqrt{\dfrac{8^2}{100}} = \dfrac{8}{10} = \dfrac{4}{5}$ ですから，標準正規分布表を用いるため

標準化します。

　$Z = \dfrac{\overline{X} - 150}{\dfrac{4}{5}}$ とすると，Z は近似的に標準正規分布 $N(0,1)$ に従います。

　（このような Z を**検定統計量**といいます）

　次に**棄却域**（帰無仮説が棄却される，つまり対立仮説に有利となる範囲）を
設定します。両側検定ですので図の色のついた部分になります。有意水準5％

ですので，確率は両側合わせて５％です。

$\overline{X} = 148.6$のとき，

$$Z = \frac{148.6 - 150}{\frac{4}{5}} = -1.75$$

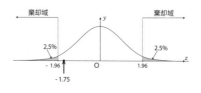

ですが，これは棄却域に含まれません。

したがって，帰無仮説は**棄却できません**。

パソコンの統計解析ソフトウェアではp値（P-value）という言葉が出できます。

p値（P-value）とは帰無仮説H_0が真だと仮定したときに，現実のデータから得られる確率です。この問題では「$\mu = 150$」としたとき「$Z \leqq -1.75$または$1.75 \leqq Z$」となる確率を示します。

正規分布表から，$1.75 \leqq Z$となる確率を求めると
$0 \leqq Z \leqq 1.75$となる確率が0.45994ですので，
$1.75 \leqq Z$となる確率は$0.5 - 0.45994 = 0.04006$
となります。これより，

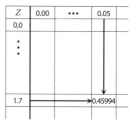

（両側）p値は　$0.04006 \times 2 = 0.08012$
つまり約８％です。

これを有意水準５％（$= 0.05$）と比較して，p値が有意水準より小さければ帰無仮説は棄却され，対立仮説が採択されます。

p値の８％は有意水準５％より大きいですので帰無仮説は棄却できません。

では同じ問題で

「平均寿命時間が150時間より短い」を主張したいとして。有意水準５％で片側検定してみましょう。（これを**左片側検定**といいます）

この場合

　　　　帰無仮説H_0：$\mu = 150$　（平均寿命時間は150時間である）

対立仮説 H_1：$\mu < 150$ （平均寿命時間は 150 時間より短い）

とします。

帰無仮説に従って（すなわち $\mu = 150$ として）平均寿命時間を確率変数 X と

おきます。

次に**棄却域**を設定します。左片側検定で有意水準 5 ％ですので，

図の色のついた部分になります。

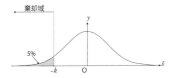

ここで，標準正規分布表を利用してこの部分の面積（確率）が 0.05 となる

ような $-k$ $(k > 0)$ の値を求めます。

0.5 − 0.05 = 0.45 ですから，表からこれに近い値を

さがすと，0.44950 があります。

k の値は，$k = 1.64$ です。

	0.00	・・・	0.04
0.0			
⋮			
1.6			0.44950

このとき $-k = -1.64$ ですから，

$Z = -1.75$ は棄却域に含まれます。

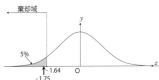

したがって，帰無仮説は**棄却され，対立仮説が採択されます。**

$Z \leqq -1.75$ となる確率は 0.04006 ですから，（片側）p 値は 0.04006 つまり約

4 ％です。これは有意水準 5 ％（= 0.05）より小さい値です。

　あるチョコレートのパッケージには内容量 160 グラムという表示があった。このチョコレート 100 個を無作為抽出して，内容量を調べたところ，平均が 169 グラムで標準偏差が 30 グラムであった。

　内容量 160 グラムという表示は正しいか，有意水準 5 ％で両側検定しなさい。

【解答】

　母集団はこのチョコレート全体で，その内容量の母平均を μ とします。

$$\text{帰無仮説 } H_0 : \mu=160$$

$$\text{対立仮説 } H_1 : \mu \neq 160$$

　帰無仮説に従って（すなわち $\mu=160$ として）内容量を確率変数 X とおきます。

　標本の大きさが大きいので，母標準偏差は標本標準偏差にほぼ等しく，$\sigma \fallingdotseq s=30$ とすることができます。

　よって，大きさ100の標本平均 $\overline{X}$ は近似的に正規分布 $N\left(160, \dfrac{30^2}{100}\right)$ に従います。

　$\overline{X}$ の標準偏差は $\sqrt{\dfrac{30^2}{100}}=\dfrac{30}{10}=3$ ですから，標準正規分布表を用いるため標準化します。

　$Z=\dfrac{\overline{X}-160}{3}$ とすると，Z は近似的に標準正規分布 $N(0.1)$ に従います。

　次に**棄却域**を設定します。有意水準 5 ％で両側検定ですので図の色のついた部分になります。

　$\overline{X}=169$ のとき，

　$Z=\dfrac{169-160}{3}=3$

であり，これは棄却域に含まれます。

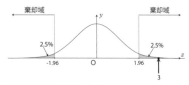

　したがって，**帰無仮説は棄却され，対立仮説が採択**されます。

つまり有意水準5％で，内容量は160グラムではないといえます。

（注）（両側）p値は0.0027（0.27％）で有意水準より小さい値です。

12.11　第1種の過誤と第2種の過誤

仮説検定では2種類の誤りを犯す可能性があります。

第1の誤りは「帰無仮説H_0が真（正しい）であるにもかかわらずH_0を棄却してしまう」という誤りです。これを**第1種の過誤**といいます。

もう1つの誤りは「帰無仮説H_0が偽（誤り）であるにもかかわらずH_0を棄却できない」とうい誤りです。これを**第2種の過誤**といいます。

表にすると右のようになります。

判定＼事実	H_0が真	H_1が真
H_0を棄却しない	正しい判定	第2種の過誤
H_0を棄却	第1種の過誤	正しい判定

第1種の過誤を犯す確率をαとすると，αは棄却域を決める**有意水準**です。

また，第2種の過誤を犯す確率をβとすると，$1-\beta$は**検出力**とよばれます。検出力は帰無仮説H_0が偽（誤り）であるとき，帰無仮説H_0を棄却する確率です。

例2の電池寿命の問題（左片側検定の場合）について考えます。

　　　帰無仮説H_0：$\mu=150$

　　　対立仮説H_1：$\mu<150$

H_1：$\mu<150$の例として，$\mu=148$とします。

右のグラフが帰無仮説H_0での分布，

左のグラフが対立仮説H_1での分布です。

横軸に垂直な線分（点線）を左右に動かす

ことを考えてみましょう。

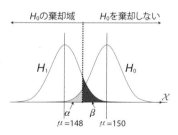

αが小さくなるとβは大きくなり

βが小さくなるとαは大きくなります。

つまり，第1種の過誤を犯す確率αと第2種の過誤を犯す確率をβは互いにトレードオフの関係にあることがわかります。

練習問題12

問題12.1

　発芽して一定期間後のある植物の苗の高さの分布は母平均μ(cm)，母標準偏差$\sigma=2.25$(cm) の正規分布であるとします。

　母平均が未知であったため，大きさnの標本を無作為抽出して，母平均μに対する信頼度95％の信頼区間を求めたところ，

$$13.81 \leqq \mu \leqq 14.79$$

となりました。

　このとき，標本平均$\overline{X}$およびnの値を求めなさい。

問題12.2

　ある喫茶店では1日の売上の平均は60000（円）でした。店の内装を新しくした後，無作為に64日を選び調べたところ，標本平均$\overline{X}$は63000（円），標本標準偏差sは14000（円）でした。

　この喫茶店の売上は変化していると言えるでしょうか。有意水準5％で両側検定しなさい。また有意水準5％で右片側検定した場合はどうなるでしょうか。

　ただし，母標準偏差σは標本標準偏差$s=14000$（円）に等しいとして考えなさい。

標準正規分布表 （下側確率：0からZまでの確率を示す）

Z	0.00	0.01	0.02	0.03	0.04	0.05	0.06	0.07	0.08	0.09
0.0	0.00000	0.00399	0.00798	0.01197	0.01595	0.01994	0.02392	0.02790	0.03188	0.03586
0.1	0.03983	0.04380	0.04776	0.05172	0.05567	0.05962	0.06356	0.06749	0.07142	0.07535
0.2	0.07926	0.08317	0.08706	0.09095	0.09483	0.09871	0.10257	0.10642	0.11026	0.11409
0.3	0.11791	0.12172	0.12552	0.12930	0.13307	0.13683	0.14058	0.14431	0.14803	0.15173
0.4	0.15542	0.15910	0.16276	0.16640	0.17003	0.17364	0.17724	0.18082	0.18439	0.18793
0.5	0.19146	0.19497	0.19847	0.20194	0.20540	0.20884	0.21226	0.21566	0.21904	0.22240
0.6	0.22575	0.22907	0.23237	0.23565	0.23891	0.24215	0.24537	0.24857	0.25175	0.25490
0.7	0.25804	0.26115	0.26424	0.26730	0.27035	0.27337	0.27637	0.27935	0.28230	0.28524
0.8	0.28814	0.29103	0.29389	0.29673	0.29955	0.30234	0.30511	0.30785	0.31057	0.31327
0.9	0.31594	0.31859	0.32121	0.32381	0.32639	0.32894	0.33147	0.33398	0.33646	0.33891
1.0	0.34134	0.34375	0.34614	0.34849	0.35083	0.35314	0.35543	0.35769	0.35993	0.36214
1.1	0.36433	0.36650	0.36864	0.37076	0.37286	0.37493	0.37698	0.37900	0.38100	0.38298
1.2	0.38493	0.38686	0.38877	0.39065	0.39251	0.39435	0.39617	0.39796	0.39973	0.40147
1.3	0.40320	0.40490	0.40658	0.40824	0.40988	0.41149	0.41309	0.41466	0.41621	0.41774
1.4	0.41924	0.42073	0.42220	0.42364	0.42507	0.42647	0.42785	0.42922	0.43056	0.43189
1.5	0.43319	0.43448	0.43574	0.43699	0.43822	0.43943	0.44062	0.44179	0.44295	0.44408
1.6	0.44520	0.44630	0.44738	0.44845	0.44950	0.45053	0.45154	0.45254	0.45352	0.45449
1.7	0.45543	0.45637	0.45728	0.45818	0.45907	0.45994	0.46080	0.46164	0.46246	0.46327
1.8	0.46407	0.46485	0.46562	0.46638	0.46712	0.46784	0.46856	0.46926	0.46995	0.47062
1.9	0.47128	0.47193	0.47257	0.47320	0.47381	0.47441	0.47500	0.47558	0.47615	0.47670
2.0	0.47725	0.47778	0.47831	0.47882	0.47932	0.47982	0.48030	0.48077	0.48124	0.48169
2.1	0.48214	0.48257	0.48300	0.48341	0.48382	0.48422	0.48461	0.48500	0.48537	0.48574
2.2	0.48610	0.48645	0.48679	0.48713	0.48745	0.48778	0.48809	0.48840	0.48870	0.48899
2.3	0.48928	0.48956	0.48983	0.49010	0.49036	0.49061	0.49086	0.49111	0.49134	0.49158
2.4	0.49180	0.49202	0.49224	0.49245	0.49266	0.49286	0.49305	0.49324	0.49343	0.49361
2.5	0.49379	0.49396	0.49413	0.49430	0.49446	0.49461	0.49477	0.49492	0.49506	0.49520
2.6	0.49534	0.49547	0.49560	0.49573	0.49585	0.49598	0.49609	0.49621	0.49632	0.49643
2.7	0.49653	0.49664	0.49674	0.49683	0.49693	0.49702	0.49711	0.49720	0.49728	0.49736
2.8	0.49744	0.49752	0.49760	0.49767	0.49774	0.49781	0.49788	0.49795	0.49801	0.49807
2.9	0.49813	0.49819	0.49825	0.49831	0.49836	0.49841	0.49846	0.49851	0.49856	0.49861
3.0	0.49865	0.49869	0.49874	0.49878	0.49882	0.49886	0.49889	0.49893	0.49896	0.49900

索　引

〈参考文献〉

・石井俊全『大学の統計学』，技術評論社，2018年

・石井俊全『意味がわかる統計学』，ベレ出版，2012年

・菅民郎・檜山みぎわ『やさしい統計学の本　まなぶ』，現代数学社，1995年

・日本経営数学会（監修），『統計学への招待　大学生・社会人に必要な知識』，税務経理協会，2018年

・白砂堤津耶『例題で学ぶ初歩からの統計学』，日本評論社，2009年

・村上正康・安田正実『統計学演習』培風館，1989年

・涌井良幸・涌井貞美『統計学の図鑑』，技術評論社，2015年

著者紹介（50音順）

吉川　卓也（きっかわ　たくや）

　中村学園大学流通科学部　准教授

　成城大学大学院経済学研究科博士課程後期単位取得満期退学　経済学修士

　主要論文　「ランカスターの特性アプローチによる家計の金融資産選択行動の分析」

　『中村学園大学・中村学園大学短期大学部研究紀要』，48号，2016年。

竹内　直樹（たけうち　なおき）

　河合塾講師

都留　信行（つる　のぶゆき）

　産業能率大学経営学部　准教授

　成城大学大学院経済学研究科博士課程単位取得満期退学　経営学修士

　主要著書　『現代マーケティング総論』（共著），同文舘出版。

福島　章雄（ふくしま　あきお）

　成城大学　社会イノベーション学部　経済学部　非常勤講師

　成城大学大学院経済学研究科経済学専攻博士課程後期単位取得満期退学

　主要論文　「スモールビジネスにおける直接金融の活用」，『スモールビジネスハンドブック』，第11章，中小企業ベンチャーコンソーシアム，株式会社BKC，2010年。

　「体制移行国家における金融の深化と資産選択」，成城大学社会イノベーション学部『社会イノベーション研究』，第12巻第1号，2017年。

　"How Does Price of Bitcoin Volatility Change?", *International Research in Economics and Finance*, Vol. 2, No. 1; April, 2018. （共著）

　"AR Model or Machine Learning for Forecasting GDP and Consumer Price for G7 Countries", *Economics and Finance*, Vol. 6, No. 3; May 2019. （共著）

著者との契約により検印省略

令和 2 年 6 月 1 日　初版発行

はじめよう！
数値例で学ぶ初めての統計学

	吉	川	卓	也
著　者	竹	内	直	樹
	都	留	信	行
	福	島	章	雄
発 行 者	大	坪	克	行
印 刷 所	岩岡印刷株式会社			
製 本 所	牧製本印刷株式会社			

発 行 所　〒161-0033 東京都新宿区　　株式　税務経理協会
　　　　　下落合 2 丁目 5 番13号　　会社

　　　　　振 替 00190-2-187408　　　電話　(03)3953-3301（編集部）
　　　　　F A X （03)3565-3391　　　　　　 (03)3953-3325（営業部）
　　　　　　　URL　http://www.zeikei.co.jp/
　　　　　乱丁・落丁の場合は，お取替えいたします。

ISBN978-4-419-06708-3　C3033